你必须知道的食品安全知识

刘少伟　编著

科学普及出版社
·北　京·

图书在版编目（CIP）数据

你必须知道的食品安全知识 / 刘少伟编著. — 北京：科学普及出版社，2021.10
ISBN 978-7-110-10291-6

Ⅰ.①你… Ⅱ.①刘… Ⅲ.①食品安全－基本知识
Ⅳ.①TS201.6

中国版本图书馆CIP数据核字(2021)第152984号

策划编辑	郑洪炜　牛　奕	
责任编辑	郑洪炜	
封面设计	长天印艺	
正文设计	长天印艺	
责任校对	吕传新	
责任印制	马宇晨	

出　　版	科学普及出版社
发　　行	中国科学技术出版社有限公司发行部
地　　址	北京市海淀区中关村南大街16号
邮　　编	100081
发行电话	010-62173865
传　　真	010-62173081
网　　址	http://www.cspbooks.com.cn

开　　本	889mm×1194mm　1/32
字　　数	82千字
印　　张	3.75
印　　数	1—10000册
版　　次	2021年10月第1版
印　　次	2021年10月第1次印刷
印　　刷	河北鑫兆源印刷有限公司
书　　号	ISBN 978-7-110-10291-6/TS·136
定　　价	25.00元

　　近年来，食品安全与营养问题已经成为公众极其关注的话题。食品安全的危害来源于物理危害、化学危害和生物危害三个方面。本书对于一些常见的食品安全问题进行了通俗易懂的讲解。

　　对于普通消费者来说，最想了解的是食品安全与营养的真相，知道什么样的食品对自身更加有益。对于不同人群来说，保持自己的身体健康，要注意平时对鱼、禽、蛋、瘦肉、豆制品等蛋白质含量较高的食物摄入量进行不同调节，做到食物多样化，多吃杂粮、蔬菜、水果等食物，同时适量运动，养成健康的生活习惯。

　　综上，本书旨在用通俗易懂的语言，为消费者提供必要且科学的健康知识，使大家具备选择卫生、安全食品的能力，尽量避免不健康食品对身体产生危害，形成科学饮食的良好习惯。

目录

第一章

非法加工食品

　　非法加工食品多是对食品进行不必要的操作，以使食品外观或口感发生变化，欺瞒消费者。在本章中，涉及的非法加工产品有：染色枸杞，属于非法添加色素；猪肉变牛肉，属于用牛肉膏添加剂把猪肉"变成"牛肉，几乎可以以假乱真；鱼浮灵水产品，一类给氧剂的统称，俗称"固体双氧水"；甲醛浸泡海鲜，属于用违禁化学品来使海鲜保鲜……上述这些非法加工产品到底有何隐情？对人体伤害到底有多大？针对这些问题，让我们一一深入其中，了解清楚。

第一节　染色枸杞

　　近年来，一些不良商家为迎合消费者购买心理，打起了给劣质枸杞染色的歪主意，他们用染色剂将劣质枸杞染成鲜红色来蒙骗外行消费者。这些染色剂的危害是什么？我们该如何应对呢？

一、枸杞中的染色剂是什么

　　为获取更多的利润，一些不法商贩就用硫黄熏制或用色素将劣质枸杞染成鲜红色。硫黄是一种化工原料，它燃烧产生的二氧化硫，可以起到漂白、保鲜的作用，使物品颜色显得明亮、鲜艳。故非法商贩往往使用硫黄熏蒸的技术来改善货物外观，延长其"外观货架期"。

二、添加染色剂对人体的危害

被染色的枸杞由于已改变了原有的成分，吃起来发酸、苦涩，令人恶心，轻者会对肠胃造成刺激，重者会危害人体健康。

枸杞中残留的二氧化硫，经过硫黄的熏蒸之后，会产生反应生成亚硫酸盐。亚硫酸盐是一类致癌物质，它对皮肤、黏膜有明显的刺

枸杞

激作用，可引起结膜、支气管炎症；皮肤直接接触，可引起灼伤；若摄入过量，还会对人体造成较大的危害，它不仅破坏食品中的维生素，还会影响人体对钙的吸收，引起腹泻，给肝肾带来危害。另外，硫黄中的铅、砷也会通过熏蒸技术转移到食品中，对食用者的肝、肾造成损害。

三、如何应对

枸杞的加工方法目前主要有两种：一种是通过热量间接烘干，另一种是晒干。烘干的方法加工量大，相对成本较高，但时间短，能更好地保存枸杞的营养成分；晒干即利用太阳光，成本比较低廉。烘干出来的枸杞颜色很浅，不像自然晒干的颜色那么鲜艳，但是晒干的枸杞的营养价值通常不如烘干的枸杞。

有些药商为了延长药材的保存时间使卖相好看，甚至为了让产品吸收水分增重，往往在药材上添加明矾，这样的劣品在光照下，药材表面会出现闪光的亮点，果实鲜红、肥大，质地坚硬，握在手上会有扎手的感觉，表面会有透亮的结晶。

四、专家有话说

据现代科学测定，枸杞含有丰富的枸杞多糖、蛋白质、游离氨基酸、牛磺酸、甜菜碱以及维生素B_1、维生素B_2、维生素E、维生素C，特别是含量很高的类胡萝卜素；此外，还含有大量的矿物元素，如钾、钠、钙、镁、铁、铜、锰、锌、硒等。近代药理学有研究证明，枸杞具有调节机体免疫的功能，可以有效地抑制肿瘤生长和细胞突变，有延缓衰老、抗脂肪肝、调节血糖、促进造血功能等功效，临床应用广泛。

枸杞除了其独有的营养价值，还是我国传统吉利色——红色的，但枸杞越红不等于品质越高。若选购时过度贪恋红色，则可能要承担劣质品染色风险。另外，即便是高品质枸杞也不宜过量食用，须因人而异，科学食用。只有依据标准，科学规范地生产，同时加强品质监管，才能确保枸杞的高品质。

第二节 神奇牛肉膏让猪肉变牛肉

2011年，安徽工商部门查获了一种叫作"牛肉膏"的添加剂，它可以将猪肉"变成"牛肉，效果可以说是以假乱真。随后，在全国范围内的多个地方也发现了有人私下使用这种添加剂，出现把猪肉制成"牛肉"的现象。那么"牛肉膏"到底是什么？它真的能把猪肉"变"牛肉吗？如此添加，对人体有无安全隐患？我们应如何选购？

一、神奇的"牛肉膏"是什么

市售的牛肉膏也叫"牛肉浸膏"或"牛肉精膏"，一般有两种类型：一种是用牛肉或牛骨熬制，从中提取肉汁或骨类提取物，再加入牛肉香精和食用盐配制而成的；另一种是用多种氨基酸、稳定剂和牛肉香精等配制的复合牛肉香精。

QB/T 2640—2004《咸味食品香精》对咸味食品香精的定义是"由热反应香料、食品香料化合物、香辛料（或其提取物）等香味成分中的一种或多种与食用载体和/或其他食品添加剂构成的混合物，用于咸味食品的加香"。因此，"牛肉膏"属于咸味食品香精。这种复合食用香精，已被广泛应用于汤料、肉制品、风味饼干、膨化食品、方便面调料等。凡生产企业证照齐全、产品合格，并严格按照国家规定的使用范围和标准添加使用的"牛肉膏"是无害的。

二、劣质牛肉、猪肉变牛肉存在的安全隐患

腐败的肉或病畜的肉感染了沙门氏菌、金黄色葡萄球菌和黄曲霉毒素等，某些毒素很难通过加热消除，有可能导致食用者因食物中毒而死亡，因此应提高警惕。

病死猪的肉会产生细菌毒素，它的外毒素毒性很强，可以引起特殊的病变和症状，比如呕吐、肺水肿等。黄曲霉毒素是霉菌毒素中的一种强毒素，并且有很强的致癌性，极耐高温，一般烹饪加工不能破坏。

病死猪

三、如何选购牛肉

普通生牛肉颜色鲜红，而假牛肉颜色深红；普通生牛肉气味带有淡淡的膻味，而用牛肉膏制成的假生牛肉有一股熟牛肉味。如果是劣质、腐败的肉制品，虽然味道会被香料掩盖，但仔细闻起来仍有血腥味、臭味等。

因此购买牛肉一定要注意以下几点：

（1）去正规超市购买品牌产品：尽量选择有品牌、有信誉的企业、老字号的产品。

（2）查看标签：外包装按国家标准规定应该标明厂名、厂址、生产日期、货架期、执行标准、商标、净含量、配料表、产品类型等项目。

（3）懂得分辨正常肉制品的外观：选择生产日期近、真空包装、表面干爽、颜色正常的产品，过于鲜艳的颜色可能是亚硝酸盐或色素引起的。

（4）控制一次性购买的数量：熟肉制品不宜购买过多，要注意产品外包装是否明确。正如"羊肉膏"作为复合增香剂被卖给烧烤店一样，"牛肉膏"也成了各大面馆、路边摊以及熟食店的"座上客"。

■ 四、专家有话说

加入复合香料和香精是延长香味保存时间或使产品增香的一种有效方法。生产者可以以此来满足不同消费群体的需求，但前提是要充分保障消费者的知情权，并以标签等形式真实地告知消费者，让消费者根据实际需要选择安全、物有所值的产品，不能"挂牛头卖猪肉"、以假充真。质量是企业生存和发展的基础，也是企业生存和发展的保证。

用任何食品技术将一种原料包装成另一种，出售时不加说明，这都是欺诈行为，这样的行为需要被查处。

第三节 鱼浮灵事件

有人说到菜场买鱼看到过令人惊异的一幕，店主往大水盆里放了白色粉末（鱼浮灵），不一会儿白色粉末就溶解了，店主将半死的鱼虾倒入其中，鱼虾竟然变得活蹦乱跳了，仿佛这些鱼都是刚从河里被抓回来的。人们对鱼浮灵的安全性产生了质疑，鱼浮灵对人体有没有害？我们该怎么应对？

一、什么是鱼浮灵

鱼浮灵是一类给氧剂的统称，通常被称为"固态双氧水"，它的主要成分是过氧化钙或过氧碳酸钠，在水中很容易水解成双氧水、碳酸钠或氢氧化钙，从而升高水的pH。过氧碳酸钠溶于水后，能迅速释放出氧气。在碱性条件下，双氧水也更容易释放氧气，从而增加了水中溶解氧的含量。

二、鱼浮灵对人体健康的危害

鱼浮灵的化学成分为过氧碳酸钠或过氧化钙等过氧化物，分解后的碳酸钠、钙存在于水中，有一部分可能会被鱼的体表吸收或通过腮进入肌肉内，但吸收的量有限，正常使用对鱼无害，也没有任何鱼浮灵危害人类健康的实验证据。但是，有些不法商贩使用工业级过氧化钙或过氧碳酸钠来替代鱼浮灵作为鱼药。在这种情况下，引入重金属等有害成分的风险就大大增加。

三、如何选购新鲜的鱼

用鱼浮灵，不会产生任何怪味，就算用仪器检测，也不一定能检测出来，所以建议消费者买鱼虾要到正规的场所。而鉴别鱼类是否是真正鲜活的，有以下两种方法：第一，正常的活鱼眼睛是清亮的，而受过污染的活鱼眼睛混浊；第二，正常的活鱼鳞片完整有光泽，而受过污染的活鱼鳞片无光泽、不完整，而且有可能多处出血。

▪ 四、专家有话说

虽然管理需要加强，但恶意地夸大事实和抹黑、引起恐慌也是很恶劣的。关于鱼浮灵事件所引起网友恐慌的事件，就有一定的代表性。近几年，有些不法商贩使用违法添加剂制作危害健康的食品的事件被曝光，让人们对食品添加剂谈虎色变。所以，当听到鱼浮灵问题时，人们自然就会夸大它的危害。

鱼浮灵本身在使用中不存在任何问题，是一种安全有效的给氧鱼药。但如果使用不合格的鱼药，的确有可能导致重金属超标。因此我们需要关注的是这些药物的质量以及市场的监管。另外，这一事件也给我们一个启示：不能以一种药物是否高效来判断它的安全性。

第四节 "甲醛海鲜"，你听说过吗

有些表面上看起来光鲜亮丽的海鲜，有可能是用"药水"浸泡出来的。有的不法商贩为了保持海鲜产品的新鲜度，追求美观，用甲醛来给海鲜"驻颜"；更让人吃惊的是，在有些水产品市场周围的店铺里，就能买到给海鲜"驻颜"的化学物质——甲醛。甲醛的作用是什么？它对人体有什么危害？我们应该怎么应对？

一、甲醛及其作用

甲醛是一种无色、刺激性很强的气体，在水、醇和醚中容易溶解。在常温下甲醛是一种气体，往往以水溶液的形式存在。用来浸泡生物标本的福尔马林就是35％～40％甲醛水溶液。如今市场上有些海鲜看起来很新鲜、有光泽，但买回去后，人们会发现其有异味，表面也黯淡下来，有腐烂的迹象，这些海鲜就很有可能曾经浸过福尔马林。以乌贼为例，市场上的乌贼看起来都很饱满、光亮，而有些顾客买回家的海鲜，在放几个小时之后，颜色就会变暗，"肚子"还会干瘪，再久之后，表面的黏膜会破碎甚至腐烂。

二、甲醛对人体的危害

甲醛对人体健康的影响主要表现在使人嗅觉异常、肺功能异常等方面。食用含有甲醛的食品还会损害人的肝肾功能，可能导致肾衰竭。食用含有甲醛的食品会引起中毒反应，轻者会头晕、呕吐、咳嗽、上腹疼痛，严重的甚至会出现昏迷、休克，如果甲醛含量过高，很可能会导致消化道疾病，引发胃肠肿瘤。

已有科学研究证实，长期接触福尔马林有致癌的风险，而福尔马林已经被认为是一种"可疑致癌物"。微量的甲醛在人体内基本上不存在残留，代谢也不缓慢，约35％可以被代谢成甲酸，在尿液中以甲酸盐形式排出，其余65％可继续代谢为二氧化碳与水。但它最大的问题是：可能导致细胞变性，而且它能使细菌、人体分离细胞或动物细胞的基因突变试验呈阳性反应，因此不能排除致畸的可能。

三、购买建议

作为消费者，在选购食物时，一定不能被外表所迷惑，要考虑各方面因素，一般来说以正规店家为首选。除此之外，自身也应当掌握一些常见的食物选购知识，同时积累实践经验，多看、多比较不同店家的产品，也不忘多交流、多询问，这样才能了解得更为全面、详细。对于执法部门而言，应当严厉打击不法商贩，彻底取缔或警告有关商贩，引导其走入正当的生产途径。对于甲醛的购买源也应当采取合理、有效的措施进行限制，确保这一污染物不被肆意滥用。

四、专家有话说

现在市面上这种福尔马林浸泡水产品实在是不少，若要彻底根除它的存在，一方面，相关部门要加大监管和处罚力度，对经营者进行宣传教育，从源头上杜绝福尔马林浸泡水产品存在的可能；另一方面，要改变消费者的消费观念，让他们明白什么才是真正健康的绿色食品。

一般意义上的"起死回生"指医术，而今天，如果把医学上的"保存标本"技术直接用在水产品的"保存尸体"上，这无疑是违法的"毒技术"。贪图小利的经营者虽然暂时会获利，但长期看来，这种损害他人利益、丧失诚信的做法，最终损害的还是他们自己的利益。唯有运用科学规范的保鲜技术，才能使市场健康持续地发展。

第五节 "三氯丙醇"酱油

已有3000多年历史的酱油是我国传统的酿造食品。但是，有些酱油中含有严重超标的三氯丙醇。三氯丙醇是什么？对人有什么危害？我们应如何应对呢？

一、酱油中的三氯丙醇

三氯丙醇，也叫3-氯-1，2-丙二醇，是一种在常温下无色透明的液体，它不是一种被广泛使用的化学品，只在一些药物合成的过程中才被使用。如果在酿造酱油过程中使用水解植物蛋白，那么水解植物蛋白中的脂肪和盐酸相互作用就会产生三氯丙醇。用大豆等原料生产的水解植物蛋白中含有很多脂肪，在强酸作用下脂肪发生断裂水解，生成丙三醇，而丙三醇就会被盐酸取代醇羟基而生成氯丙醇。

二、三氯丙醇的毒性及危害

曾有研究报告说明三氯丙醇的毒性：大鼠的经口半数致死量为150毫克/千克体重，属于中等毒性物质。在清理三氯丙醇储罐的工作中，曾有工作人员发生急性中毒性肝病，并存在死亡病例。而不同的研究人员对三氯丙醇的致突变作用则有不同观点。有研究人员对三氯丙醇对果蝇的遗传毒性进行了检测，结果呈阴性。三氯丙醇的毒性大小存在剂量相关性。

酿造酱油中含有许多有益健康的物质，但如果添加了酸水解植物蛋白调味液，有害物质混入的可能性会增大，这种化学物质的毒性比较大，对肝脏、肾脏、生殖系统、血液系统等都有毒副作用，并且还可能有致癌性。

三、购买建议

配制酱油和酿造酱油在口感、质感上有一些不同之处。顾客到市场上买酱油时要注意挑选方法：一看，二摇，三尝味。①看颜色。正常的酱油应该是红棕色的，质量好的酱油颜色会更深一些，但如果酱油的颜色太深了，则表明其中可能添加了焦糖，味道和香气会差一些，这类酱油只适合用来红烧。②品质好的酱油摇晃时会产生很多的泡沫，不容易散开，而劣质的酱油摇晃时只有很少的泡沫，并且很容易散去。③品质好的酱

配制酱油

油通常会有浓烈的酱香味，尝起来味道鲜美，传统工艺生产的酱油具有一种独特的酯化香味，香气醇正。而劣质酱油尝起来则有点儿苦，有酸臭味、煳味等异味。

四、专家有话说

对于普通消费者而言，选购酱油时主要应该看标签。因为，正规的生产企业都会按照国家标准为酱油产品赋予"身份证明"，所以，标签不规范的产品其质量也值得怀疑。此外，

许多消费者在购物时，喜欢根据价格的高低来判定产品的好坏，有时事实并非如此。品质好的酱油澄清、无沉淀，呈红棕色，质地黏稠，有些消费者往往忽略这几点，而去追求包装精美、价格偏高的酱油，这是不可取的。

第二章
重金属污染

当前，食品中存在的重金属污染主要涉及铅、镉、汞、砷和铬等。铅经皮肤、消化道、呼吸道等进入人体内与许多器官发生反应，主要毒性作用表现为贫血、神经功能紊乱和肾损害，儿童、老年人、免疫力低下人群为易受害人群。药物残留和重金属对我国食品安全存在潜在危害，其中铅、镉污染问题尤为突出，超过1/3的膳食铅摄入量大于标准限量，比如，中小企业生产的皮蛋中含铅较高。此外，镉污染也威胁着我们生存的环境，大部分重金属污染出现于软体动物和甲壳类动物中。只要从源头上控制金属污染，严格管控治理，就能减少重金属污染。

第一节　浅谈水源汞污染

水资源是人类赖以生存的资源，随着工业快速发展，全球饮用水源污染问题日益突出。当前饮用水重金属污染危害人民健康，情况严重。汞是一种致毒污染物，已引起全世界科学家的高度重视。对于人体来说，饮用水中的汞被认为是一条重要的暴露途径。什么是金属汞？它对人体有何危害？我们又该如何应对？

一、金属汞是什么

汞常被称为"水银"，在常温下为银白色液体，是在室温下唯一具有流动性的液态金属。汞易蒸发，汞、汞蒸气和汞化合物都有极强毒性，对人和高等生物都是极具毒性的金

水银

属污染物，具有持久性、易迁移性，且生物富集程度高，在任何状态下存在的汞都能通过环境中的转化变为剧毒的甲基汞。

二、金属汞对人体有哪些危害

我国对体内汞含量有相应的定义标准，尿汞正常上限值为0.05毫克/升，血汞正常上限值为0.01毫克/升。尽管汞是累积性毒物，但人体对汞有一定的排泄能力。调查显示，成年人每天摄取0.025毫克以内的甲基汞，一般不会在体内累积，只有摄取量超过人体排泄能力时才会在体内累积。

汞毒主要有三种：金属汞、无机汞和有机汞。金属汞和无机汞对肝肾有损害，但一般不会在体内停留太久形成累积中毒。有机汞不仅毒性大，对脑部有伤害，而且相对稳定，在人体中的半衰期长达70天，因此即使剂量极少也可累积致毒。由于污泥中微生物的作用，大多数汞化合物可以转变为甲基汞，从而导致慢性中枢神经系统损害和生殖发育毒性。日本的水俣病就是一个典型的例子：患者多表现为知觉障碍、运动失调、

视力和听力障碍。

二、在日常生活中，如何应对金属汞

只有当汞在体内积累到一定量时，才会造成健康危害。除了在一些工厂附近或者河水污染严重的地区汞危害比较严重，在我们平时生活的环境中，我们不用担心汞对日常生活的影响。如果我们买的是正规生产、有质量保证的合格食品，就很难发生汞中毒。

鱼类体内汞含量会高一些，尤其是金枪鱼、海鲈鱼、比目鱼等，因此我们需要控制深海鱼食用量。另外，我们要注意饮食的搭配，如富含维生素和蛋白质

金枪鱼

的食物能更好地防治慢性汞中毒；富含膳食纤维的食物，如蔬菜、水果、杂粮有利于体内汞的排出。

四、专家有话说

对于含汞产品，我们可以采取一些措施，如要求产品进行公告和标签说明，以便消费者了解产品中含有汞及汞的含量。将含汞产品更详细地标示，可以让人们更加清楚地了解产品，避免不必要的怀疑与担心。与此同时，可以引起公众和工厂关注，向汞排放源头施加减排压力，使汞排放得以控制，排放量也相应减少。

第二节　婴幼儿辅助食品与汞超标

　　国家相关部门曾对一些品牌的婴幼儿辅助性食品进行风险监测，结果发现以深海鱼类为主原料的多份食品汞含量超标，经调查，根源是从深海旗鱼和金枪鱼中带来的甲基汞。什么是水产品中的甲基汞？汞中毒的症状有哪些？我们又该如何应对？

一、水产品中的甲基汞

　　甲基汞主要是在水体环境中形成的，几乎所有的水产品中都含有或多或少的甲基汞。甲基汞是一种典型的"生物富集"的物质，也就是随着"大鱼吃小鱼、小鱼吃虾米"的进程，会有越来越多的甲基汞在大型动物体内聚集。水产品中甲基汞含量的高低还与水生生物的生长环境、生长时间等因素有关。一项德国的研究发现，鲨鱼体内的甲基汞含量甚至高达4毫克/千克。

　　人体对于无机汞的吸收率不足10％，大部分无机汞可以随粪便排出。而有机汞的吸收率较高，其中甲基汞吸收率超过了90％。汞被人体吸收后，可以通过尿液、粪便和头发排出体外，但排出的速度较慢。

二、汞中毒有哪些症状

　　汞的吸收和毒性取决于汞进入人体时的形态、进入途径、接触剂量和接触时间。汞中毒可分为急性中毒和慢性中毒。其中，以慢性中毒最为常见，主要发生于生产活动中，因长期吸入汞蒸气或汞化合物粉尘而引起。慢性中毒者的主要症状表征为精神状态异常、牙龈炎、震颤等。慢性中毒也可反应在皮肤、肾脏等器官中。吸入大剂量的汞蒸气或摄入大剂量的汞化合物会发生急性汞中毒。例如，测量体温时体温表破裂，测量儿童误服汞会引起急性口腔炎和肠胃炎，表现为恶心、呕吐、腹泻、肠黏膜有血性黏液、肝脏损伤和肾功能衰竭等。对于汞过敏的人，即使局部涂抹汞油基质制剂，也会出现汞中毒。

三、对消费者的建议

如果你的宝宝正在食用被公告召回的食品，请立即停止食用，并及时与相关企业售后部门联系，或者向当地食品安全监管部门举报投诉。婴幼儿辅食可以帮助儿童过渡饮食，但是在这个阶段仍然应该使用母乳或配方食品作为主要的营养来源。首先，一般消费者要增加食物多样性，不要偏食，通过均衡饮食，减少汞的总体摄入量。其次，鱼肉类及其产品宜多品种搭配，适量食用，特别是大型肉食性深海鱼类。

儿童以及有意愿妊娠、在妊娠期间或正在哺乳的女性应避免食用含甲基汞的鱼类产品，如鲨鱼、旗鱼等。其他大型肉食性鱼类的摄入量每周不宜超过300克，如果感觉某一周吃得多了，可在下一周少吃或不吃。

四、专家有话说

儿童特别容易受到汞伤害。幼儿汞超标可造成神经、消化、循环系统紊乱，影响幼儿的身体发育，导致免疫力下降，还有可能导致多动症，出现注意力不集中、爱做怪动作、爱咬人等现象。如果孩子出现上述症状，要及时到医院就诊，避免治疗延误，给孩子造成不可挽回的影响。

控制产品的安全质量，最重要的是控制源头，否则营养摄取与毒素摄入只差一步。每一种原料都要根据标准进行挑选和质量控制，避免任何不安全因素影响到最终产品的品质，对婴幼儿食品更要严格把关。

第三节 重金属铅的危害

有报道称，原国家食品药品监督管理总局对多家保健品企业旗下的螺旋藻产品进行了检测，结果显示部分产品铅超标，其中包括数批假冒产品。重金属铅的来源有哪些？其危害是什么？我们该怎样应对？

一、重金属铅的来源

在人类生存环境中，铅是一种普遍存在的重金属，在水、土壤、空气中的铅都可能通过饮食和呼吸作用进入人体。人体摄入铅后很难代谢，铅会在体内积聚，当达到一定含量时就会引起一系列的疾病。

空气中的铅主要来自铅矿的开采和冶炼以及蓄电池、汽油防爆剂、建筑材料、弹药、铅字、放射线屏蔽材料、油漆颜料、焊锡膏等各种含铅品，它们都会在生产和使用过程中造成铅污染。室内吸烟产生的烟雾中含有极小的铅颗粒，因此长期被动吸烟会引起蓄积性中毒。家庭装修所用的含铅油漆、有色颜料（铅黄、铅白、红丹）、壁纸等，均可造成铅污染，而土壤是自然界中最大的铅储存地，含铅废水排入水体会造成水体污染，所有环境中的铅又通过食物链进入

油漆颜料

植物、动物和人体中，食物除了受到饲养或种植环境条件的影响，还受到加工、包装（锡纸、商标印刷等）以及运输（含铅容器等）等的影响，从而对人体健康造成危害。

■ 二、重金属铅对人体的危害

铅对人的各个系统都有毒性作用，其主要损害部位在神经系统、造血系统和血管。铅会严重影响儿童的生长发育。儿童大脑对铅污染比较敏感，严重时会影响幼儿的智力发育和行为表现。

当人们暴露在高浓度的含铅环境中时，出现脑部疾病是最明显的临床症状。其症状通常表现为焦躁不安、精神不集中、头痛、肌肉颤抖、失忆和产生幻觉，严重时会导致死亡。铅还会导致肾脏病变，造成贫血，影响生长发育，损害生殖功能，甚至致癌。联合国粮农组织和世界卫生组织食品添加剂联合专家委员会规定成年人的每周铅耐受摄入量为0.05毫克/千克（按体重计），儿童每周耐受摄入量为0.025毫克/千克（按体重计）。

三、对消费者的建议

在每日饮食中，应注意定时进食，因空腹时铅在肠道内吸收率会成倍增加。注意摄入矿物质和维生素，微量元素如锌、钙、铁摄入量的增加，可使胃肠对铅的吸收和骨铅的蓄积量减少；维生素C可以生成溶解度低的抗坏血酸盐，维生素C摄取量的增加，能促进铅从体内排出。每天要饮用一定量的水，水能稀释人体组织中的铅浓度，促进其从胃肠排出。

四、专家有话说

随着我国经济的发展和人民生活水平的提高，食品质量安全问题已成为社会广泛关注的热点问题之一，远离污染、确保食品安全已成为现阶段必须解决的重大问题之一。食品安全问题是重中之重，关系到人民群众的身体健康和生命安全，而重金属作为环境污染的主要物质，对人体健康的危害严重、影响时间长。我们生活的环境一旦受到重金属污染，就很难治理和管控，因此控制重金属污染已成为当务之急。

第四节 含铅爆米花，还能吃吗

有报道称，将在电影院、超市购买的6种爆米花分别送到食品检测站，发现其中有4份样本含铅。是什么原因导致爆米花中铅超标？铅超标又对人体有什么危害？我们该如何应对？

一、爆米花中为何会有铅

国家卫生机构曾经对市售爆米花中铅的含量进行检测分

析，发现生产爆米花的原料玉米中的铅含量平均为0.115毫克／千克，符合国家卫生标准，但是经加工成爆米化后，平均达到4.96毫克／千克，比加工前高出40多倍，大大超过了相应的食品卫生标准。这与爆米机铁罐上所用的填充材料密切相关。为确保铁罐在高温、高压时的密封性，一些厂家在生产中经常用废铅熔化浇铸的软金属垫来填充铁罐。爆米花在生产过程中，

爆米花

瞬间温度可达400℃左右，由于铅的熔点只有327.4℃，当加热到400~500℃时即有大量的铅蒸气逸出，铅蒸气充盈罐内，直接污染罐内食物。尤其在迅速减压开盖时，铅更容易被疏松的爆米花所吸附，从而造成铅污染。

二、铅超标的危害

铅金属中毒的危害非常大，铅一旦进入人体几乎不可能被人排出体外，最令人害怕的是，它能直接作用于人的脑细胞，伤害人体神经，对胎儿的神经系统损害最大，可造成先天智力低下。铅主要通过呼吸道和消化道进入人体，成人经呼吸道吸入的铅40%~50%可被人体吸收，膳食中经消化道摄入铅，10%左右可被吸收；而在儿童体内的铅在消化道有50%可被吸收，再加上呼吸道吸入量，其吸收率约比成人多3倍。已有研究发现铅可以通过胎盘由母体向胎儿转移，因此孕妇血液中铅含量的高低对胎儿有直接影响。从食品中摄入铅一般会导致慢性

中毒。

三、防铅有妙招

为了避免铅污染，要使用无铅汽油、降低油漆中的铅含量、减少爆米花和皮蛋等含铅食物的摄入。消费者在日常饮食中，应注意定时进食，因为空腹时铅在肠道内吸收率会成倍增加；在日常饮食中增加锌、钙、铁摄入，锌、钙、铁可以降低胃肠对铅的吸收和骨铅的积累；增加维生素C摄取量，维生素C可与溶解度低的抗坏血酸盐结合，促进铅从体内排出；每天要喝一定量的水，水能够稀释铅在人体组织中的浓度，促进铅从胃肠排出；多吃抗铅食物，如鸡蛋、牛奶、水果、大蒜和其他蔬菜等。

四、专家有话说

根据GB 2762—2012《食品安全国家标准：食品中污染物限量》国家标准中规定，麦片、肉制品、鱼类、糖类及焙烤食品等多种食品中铅的含量不得超过0.5毫克/千克。虽然爆米花的生产，早已摆脱了对早期含铅铁罐的依赖，但仍有不良商贩为了节约成本，使用传统的含铅的爆米花机制作爆米花。因此，消费者需要擦亮眼睛，仔细辨别，选购符合国家食品卫生标准的爆米花。

第五节 大米中的"杀机"

曾有商店售卖的大米出现镉含量超标的情况，什么原因导致大米中镉含量超标？镉含量超标会对人体有哪些危害？大众又该如何处理这类问题？

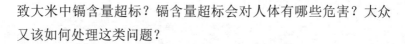

一、大米中含有镉的原因

含镉大米，一般指受到镉污染、镉含量超标的大米。造成大米镉污染的原因通常是排入环境中的废水通过灌溉进入农作物并污染农作物，水稻是典型的"受害作物"。罪魁祸首是那些"几乎没有环保设施"的采矿企业，重金属污水被放任流入土壤农田，造成土壤镉污染，即便冶炼厂距离农田很远，排出的废气扩散后也会随雨水进入农田。而农民继续在受重金属严重污染的土壤上种植水稻，导致水稻受到镉污染。其次，农业污染也是土壤中重金属污染的重要来源。一些肥料中含有重金属镉，过度使用这类肥料也可能使农作物中出现镉含量超标现象。

二、"镉大米"对人体的危害

根据摄取方式的不同，镉对健康的影响是不同的。通过大米等食物摄取的镉，属于"长期小剂量"。长时间食用含镉的食物会导致骨癌。该病症状为腰、手、脚关节痛。如果不重视、不及时治疗，患者全身会发生神经痛、骨痛现象，行动困难，甚至呼吸都会带来难以忍受的痛苦。到了发病后期，患者的骨骼软化、萎缩，四肢弯曲，脊柱变形，骨质疏松，就连咳嗽都可能导致骨折。患者吃不下东西，疼痛无比。镉在肾中一旦蓄积到一定量，会对泌尿系统造成一定损害，造成以近端肾小管功能障碍为主的肾损害。镉中毒更大的麻烦在于它对人体的损害是长期的。即使停止摄入镉大米，病症依然不会消失。

三、对消费者的建议

解决"镉大米"的根本途径在于对工业污染的治理，要对食品和饮用水中的镉含量进行严格的检测，并且及时处理与公布。对于消费者来说，保护自己的可行途径是增加食谱的多样化，减少对大米（尤其是单一来源的大米）的依赖。根据日本的统计，缺乏钙和维生素D的人群，对镉含量超标会变得更加敏感。因此保证自己的日常饮食中有充足的钙和维生素D，有助于提高对镉的抵抗力。为减少摄入的含镉食品的风险，人们需要主动而广泛摄入各种食品。人们应当更加"杂"地取食，在无法立即消除大米中镉含量较高倾向的情况下，可以多吃些海产品、豆类产品、瓜子等含锌量较高的食物，用来对抗食物中超标的镉，降低患病的风险。

四、专家有话说

"镉大米"事件的发生，说明我国耕地基础地力不足、污染加剧等问题日益突出。我们要重视耕地质量，所以首先要明确责任主体，而后进一步完善监测、考评制度。由于我国人多地少田薄，种植业效益比较低，所以有些农民即使知道过多使用化肥会损害农田质量，造成农业污染，但为产量和经济效益，仍会选择增加化肥使用量，这也造成了耕地质量的恶化。随着镉米危机的爆发，治理土壤污染与保护耕地质量的重要性与紧迫性更加凸显。在今后的农业发展过程中，无论是政府，还是社会公众，都应该冷静反思重视未来的耕地保护，必须守住质量的底线，为耕地质量保护划出一条不可逾越的"标准"，只有实现耕地资源的可持续利用，才能保证农产品质量安全。

第六节 饮水安全警报——净水器中的砷

饮水机早已成为家庭不可缺少的电器，然而它也存在不少问题，如浪费水、滤芯易造成二次污染等。不过，最令人恐慌的问题还是滤芯砷超标。国家有关部门曾在一次卫生安全抽检中发现，十多种不合格净水器产品滤芯中有部分型号存在砷超标的问题。是什么导致净水器滤芯中砷超标？它对我们有什么危害？我们该如何应对？

一、净水器中存在砷超标的原因

滤芯材料的选择和滤头是影响净水器砷超标问题的主要原因。有些不良品牌商选用的滤芯材质不合格，很容易造成净化水中砷含量超标。净水器一般有反渗透净水器和超滤膜净水器两种。由于反渗透膜孔径远远小于病毒和细菌，因此净化精度最高。但这种净化方式成本较高，且产出率较低。超滤膜净水器以超滤膜为主，辅以活性炭、中空纤维等其他滤芯技术。但其净化程度远远不如前者，并且可能存在砷超标问题，一般是由于净水器的滤芯造成的。在这些材料中，造成砷超标的是滤芯中的活性炭，因为制作活性炭的原材料本身或在其生产过程中都可能受到砷污染。

二、砷超标对人体健康的伤害

GB 5749—2006《生活饮用水卫生标准》规定砷含量不得高于0.01毫克/升，与世界卫生组织、欧盟等饮用水标准一致。砷是一种致癌物，过量摄取可引起皮肤、心血管、呼吸系统和神经系统的癌变。被吸收的砷可以通过循环系统分布到全身各组织和器官中。循环系统首先受到危害。砷中毒表现为与心肌损害有关的心电图异常和局部微循环障碍。砷对人体产生神经毒性，长期砷暴露可出现中枢神经系统抑制症状，包括头痛、嗜睡、烦躁、记忆力下降、惊厥甚至昏迷，也有可能引起外周神经炎伴随的肌无力、疼痛等。

三、砷超标事件隐藏了净水器行业怎样的乱象

国内净水器的生产与产品质量参差不齐。我国净水器生产企业已超过3000多家，但有些是小作坊，它们既没有专业设计能力，也未取得卫生许可批件。许多净水器在广告中纷纷打出了"亲水膜""纳米膜""超滤膜""纯晶技术""远红外矿化"等听起来很有技术含量的招牌。价格也是从几百元到上万元不等，但是消费者并不熟悉净水器的原理，所以只能通过价格来判断质量的好坏。

四、专家有话说

真正健康的水需要达到两项最基本的标准：一是天然弱碱性；二是水中要含有多种矿物质和微量元素。有时在过滤、净

化水的过程中，虽然过滤了一些悬浮物，但人体必需的矿物质和微量元素也被过滤掉了。原本人们使用净水器可以净化自来水中可能存在的杂质，提升饮用水质，保障身体健康。但如果它本身就存在质量问题，结果只会事与愿违，轻则造成水质二次污染，严重的甚至产生"毒水"，危及健康。另外，消费者还须有安全意识，养成按使用说明书定期更换净化滤芯的习惯，以免病从口入。

第三章

正确认识食品添加剂

食品添加剂对改善食品外观、口感以及调整营养结构、延长保存期等，起到了非常重要的作用。理想的食品添加剂应该是对人体有益或者无害的。我国严格规定了食品添加剂的使用量和使用种类，在规定范围内使用食品添加剂一般对人体无害。但是，目前在食品生产和加工制作过程中，普遍存在食品添加剂用量过大、使用范围广、滥用非法添加物等问题。

第一节 人工甜味剂——阿斯巴甜

美国消费者曾要求百事可乐公司的无糖可乐产品停止使用阿斯巴甜。为满足这一要求，百事可乐研制出一种"不含阿斯巴甜、零卡路里的无糖可乐"。但关于阿斯巴甜的争论一直没有平息，百事可乐在美国放弃阿斯巴甜的举动让这个争议再次引发了激烈的争论。什么是阿斯巴甜？其有哪些危害？我们该如何应对？

一、阿斯巴甜是什么

阿斯巴甜又名阿斯巴坦，是一种非碳水化合物类的人造甜味剂。阿斯巴甜是1965年在西尔大药厂的实验室中被发现的一种甜味料，其甜度是蔗糖的180～220倍，与普通的蔗糖相比热量较低（1克的阿斯巴甜约有4千卡的热量）。又因其甜味与砂糖十分相似，并有清凉感，所以阿斯巴甜被作为蔗糖的替代品广泛地应用于食品生产的各个领域。

二、阿斯巴甜的应用

由于阿斯巴甜的甜度和热量低，它主要被添加在饮料、维生素含片或口香糖中，来代替糖的使用。但是由于其具有极强的不稳定性，高温会使其分解而失去甜味，所以阿斯巴甜不适合用于烹煮和热饮。阿斯巴甜是一种天然功能性低聚糖，不导致龋齿，甜味比较纯正，不会导致高血糖，因此非常适合糖尿病患者食用。1986年，其被我国批准在食品中应用，主要用于乳制品、糖果、巧克力和冷饮制品，还可用于糕点、饼干、面包、配制酒、雪糕等，用量按正常生产需要确定。

三、阿斯巴甜的安全性研究

自从阿斯巴甜被发现以来，它的安全性一直没有得到大多数国家的肯定。人们从急性毒性、遗传毒性、生殖发育毒性、神经毒性、慢性毒性及致癌性五个方面对阿斯巴甜进行安全性评定，研究结果表明：①阿斯巴甜的急性毒性分级标准属实际无毒物。②遗传毒性实验结果表明阿斯巴甜对大鼠的受孕率以及早期或晚期胚胎死亡率没有产生不良影响，对大鼠骨髓细胞染色体和精原细胞染色体均没有发现畸形作用。③生殖发育毒性实验结果表明高剂量的阿斯巴甜对大鼠、家兔、鸡胚胎未发现有胚胎毒性和致畸作用。④阿斯巴甜的神经毒性研究发现，阿斯巴甜的摄入量与神经行为方面的疾病和症状没有显著性关系。⑤慢性毒性及致癌性研究发现，阿斯巴甜的摄入与脑部肿瘤的发生不存在因果关系。

四、专家有话说

尽管官方评估认为阿斯巴甜对动物没有致癌作用，但联合国食品添加剂联合专家委员会分别于1980年和1993年对阿斯巴甜安全性进行了评估，制定其每日容许摄入量上限为40毫克/千克，这一标准得到了欧盟食品科学委员会的认可。而据了解，

易拉罐

一般每听易拉罐（335毫升）的低热量饮料大约含有180毫克的阿斯巴甜。也就是说，体重为50千克的成人每天饮用10听含有阿斯巴甜成分的饮料都是安全的。但还是建议消费者不要过多食用含有阿斯巴甜的食物。

第二节　从传统拉面剂说开去

此前，有媒体透露，有人在制作兰州拉面时会添加一种白色粉末状物质——拉面剂。它的腐蚀性和致癌性引起了人们的讨论，拉面剂是什么？它有什么危害？我们该如何应对？

 一、拉面剂是什么

在兰州牛肉拉面中加入拉面剂,才能使面条那么细、那么长。而蓬灰是兰州牛肉拉面历史发展中的传统添加剂,但由于生产工艺的局限性,它已经基本被淘汰。在兰州,经常吃牛肉面的消费者大都知道,这种白色粉末状拉面剂是蓬灰,但对它的安全性不甚了解。传统的蓬灰的制作方法是:先将蓬草燃烧变成蓬灰,外加一些蓬草物及杂质碎石等,放在开水里熬制提炼出混合物。蓬灰的主要成分是盐和碱,但含有对人体极其有害的铅、砷成分,并且含量超出国家规定的标准。

二、拉面剂对人体的危害

由天然蓬草烧制而成的蓬灰一般含有极微量的具有强致癌性的重金属铅和砷。根据GB 26687—2011《食品安全国家标准:复配食品添加剂通则》,铅和砷限值都为2毫克/千克。而现在市面上使用的蓬灰有两种,一种是蓬草烧成的;另一种是企业根据蓬灰成分人工配制而成的,其含量远远低于2毫克/千克。

生活中几乎不可能完全排除铅、砷。其有无危害,关键看含量,若含量少,在人体内积累的量远远小于人体排泄的量,那么是不会造成危害的。不论是天然蓬灰还是人工调制而成的拉面剂,都可能含有铅或砷。而在拉面中加入铅、砷是否对人体健康造成危害,则取决于拉面中的铅和砷含量是否超标。

三、专家有话说

以科学的观点来看，蓬灰在拉面中的应用方式并不是越传统越好。现在拉面剂虽然减少了重金属铅和砷的含量，但是配制过程中更要严格控制其他添加物质的种类和添加量。

为保障食品安全，对传统拉面剂等添加剂应展开食品安全科学评估后，保留其优良性能，降低其重金属危害风险。相关部门和生产企业等应关注标准更新，严格把控食品生产，毕竟食品安全大于天。

第三节 揭开亚硝酸盐的神秘面纱

近些年来，媒体对食品中亚硝酸盐超标的报道层出不穷，如"某高端品牌天然矿泉水因亚硝酸盐超标，登上了国家级质量不合格产品黑榜""把亚硝酸盐当成食用盐加入食物中，导致中毒的现象屡有发生"等。亚硝酸盐是什么？它有哪些危害？我们该如何应对？

一、亚硝酸盐是什么

亚硝酸盐是一类无机化合物，状态为白色或淡黄色的粉末或颗粒，易溶于水，味微咸，外观类似食盐。一般被作为功能护色剂而添加到食品中。除作为护色剂外，亚硝酸盐还能抑制微生物的生长繁殖，起抑菌防腐的作用。同时，

亚硝酸盐

在香肠制作过程中，亚硝酸盐能够增强香肠的口感和味道。

二、亚硝酸盐的用途

根据GB 2760—2014《食品安全国家标准：食品添加剂使用标准》中规定：亚硝酸钠、亚硝酸钾功能为护色剂、防腐剂，规定了在不同的食品中的最高添加量。但它和天然矿泉水中的亚硝酸盐来源有着本质的区别。作为食品添加剂，亚硝酸盐在肉制品中运用最广。它具有发色作用，可以让肉制品呈现诱人的肉红色，增强消费者的购买欲，提高肉制品的商品性。

三、亚硝酸盐的危害

人体食用含有高亚硝酸盐的食物后，可能会引起亚硝酸盐中毒（口服200～500毫克）或死亡（口服1000～2000毫克）。亚硝酸盐中毒的主要特征：一般表现为口唇青紫，重者舌尖、指甲青紫，伴有头昏、头痛、乏力、心跳加速、呼吸困难等症状。

亚硝酸盐有松弛平滑肌的作用，会引起低血压，进一步加重心肌缺血，还会加速机体死亡。一般情况下，亚硝酸盐过高可引起肠原性青紫症：当胃肠功能紊乱或胃酸浓度降低时，胃肠道被大量繁殖的硝酸盐还原菌所占据，此时大量食用硝酸盐含量较高的食物，会导致肠道内亚硝酸盐形成速度过快，机体来不及分解转化，亚硝酸盐会被肠道大量吸收进入血液，将血红蛋白中的二价铁离子氧化为三价铁离子，使亚铁血红蛋白（正常）转变成高铁血红蛋白，失去运氧功能，使皮肤黏膜青紫。若血中20％的亚铁血红蛋白转变为高铁血红蛋白，则造成缺氧症状，引起呼吸困难、循环衰竭等。

四、专家有话说

每天我们都要尽量食用新鲜的蔬菜；把新鲜的蔬菜烧熟后，如果不及时吃完，把吃剩的菜存放在冰箱中，就极易产生亚硝酸盐。因此应避免初次污染，及时低温保存食物，这样能够减少蛋白质分解和亚硝酸盐的形成。除此之外，尽量不吃刚腌制好的食物，腌制20天左右，硝酸盐和亚硝酸盐含量最低，此时才能放心食用。当然，腌制的食品也应选用新鲜食材，同时不宜长时间作为主菜食用。消费者应多吃富含维生素C和维生素E的食物，这样可以有效地阻断亚硝基化合物合成，并减少因亚硝酸盐的过量摄入所造成的风险。

第四节 雪糕中的食品添加剂

一篇题为"一支雪糕含14种添加剂"的文章在网络上引起网民的热烈讨论。清凉可口的雪糕的确可以在炎炎夏日里带给我们些许凉爽，但同时也给我们带来了潜在的危害。雪糕中的添加剂是什么？它有哪些潜在危害？我们该如何应对？

一、雪糕中的添加剂是什么

雪糕是以饮用水、乳制品、糖、油脂等为主要原料，加入适量的香精、色素和乳化剂等食品添加剂，经混合、灭菌、均质或轻度凝冻、注模、冻结等工艺制成的冷冻食品，它具有口感细腻、柔滑、清凉的特点。

但往往一些不良企业为了降低成本，一方面减少原料的用量，另一方面在雪糕中加入各种添加剂以弥补出于节省原料而导致的缺点。国家有关部门在一些不知名厂家生产的雪糕中竟然检测不到乳制品，这说明这些雪糕完全靠添加剂调制而成。虽说减少原料，用部分添加剂替代，这样可以大大降低企业的生产成本，但消费者食用这些过度使用添加剂的雪糕，对身体会有一定的不利影响。

二、少食雪糕为妙

一般来说，正规厂家生产的雪糕不会对人体造成危害。但是，即使雪糕中加入的添加剂符合国家标准，如果对这种雪糕的摄入量不加以控制的话，也有可能对人体产生危害，特别是儿童长期或一次性大量食用含有日落黄等色素超标的食品，就可能会出现过敏、拉肚子等症状；当摄入量过大、超过肝脏负荷时会在体内蓄积，对肾脏、肝脏造成一定伤害。此外，甜蜜素的甜度是蔗糖的30～40倍，经常食用会对人体肝脏、神经系统造成巨大危害，尤其是代谢排毒的能力相对较弱和体质弱的老人、孕妇、小孩。

腹泻

三、对消费者的选购建议

要看生产厂商，不要选用一些不法商贩生产的雪糕，它们的质量无法保证，并且添加剂的使用量有可能不符合国家标准；选购雪糕时要查看配料表，配料表中的食品添加剂种类一般是越少越好；在选购时查看雪糕是否完好地存放在-18℃以下的冷冻柜中；外包装是否完好，有无渗透或缺损；产品的最终有效日期是否在预计食用的日期之后等；要看一看产品的形状是否有变化，若产品变了形，则有可能是产品在运输或储存过程中，由于温度过高致使产品溶化后再次冷冻，这也极可能因微生物迅速繁殖而超标，且口感也会变差。

四、专家有话说

处于发育阶段的儿童，由于身体各项机能尚未发育健全，排毒代谢系统相对来说比较薄弱。如果经常过量食用含有大量食品添加剂的雪糕等冷饮，有可能会引发消化不良、拉肚子等症状，从而影响营养物质的正常吸收，甚至会导致相应疾病。此外，雪糕中含有的大量奶油、糖和植物油等物质属于高热、高脂成分，过多地摄入，会增加肥胖概率。

雪糕属于高热、高脂的刺激性食品，患有糖尿病、高血压和咽喉炎等病症的人群应尽量不要食用。过量地食用雪糕等冷饮，会损伤胃黏膜，引起食欲下降和消化不良，时间久了甚至会导致胃病。中老年人的胃肠功能不如年轻人，所以不建议中老年人食用雪糕，以免刺激肠胃，造成身体不适。

第四章
超范围使用的添加剂

食品添加剂是食品生产中经常用到的辅助原材料，对食品品质有很大影响，食品添加剂的使用是否合理，对一部分食品能否安全生产有着举足轻重的影响。目前，我国已经制定了完善的国家标准来说明各类食品添加剂的使用范围以及用量限制。当然，食品添加剂目录也不是一成不变的，在司法实践中，不仅要关注国家标准，还要注意国务院卫生行政部门的有关公告。

众所周知，人们每天对不同类型食品的摄入量存在巨大的差异，而因为饮食习惯的不同，不同国家、不同地区的人们即使面对同一种食品时，对其摄入量也存在巨大的差异，这就导致同一种食品添加剂在不同类型的食品中规定的添加量存在差异。而对于同一种食品而言，不同国家也会根据本国的特有饮食习惯对其中各类添加剂进行限量。因此，消费者不能以添加剂的最高适用量作为单一的依据来评价其优劣。

如何有效避免非法添加食品添加剂的食品？如何正确看待这些食品添加剂的存在？让我们一探究竟。

第一节 毒淀粉中的马来酸

2013年3月，中国台湾省嘉义县调查站接到食物中含毒淀粉顺丁烯二酸的举报，当即引发轩然大波，后经过长达一个月的缜密调查，人们发现包含粉圆、芋圆等商品在内，均遭违法添加"毒淀粉"。

在2015年，毒淀粉中的幕后黑手——顺丁烯二酸（俗称马来酸）也在内地现身，并且被冠上食品添加剂的名号出售给食品加工企业。而当时的上海质监部门表示，内地在食品添加剂检测中暂无马来酸的相关检测。也有食品专家指出，内地的食品行业之中的确存在着"马来酸"滥用的不良现象。这背后的主要动机就是"马来酸"低廉的购买成本。

一、马来酸是什么

马来酸本身并不属于食品添加剂的范畴，其本质上是一种工业原料。然而以马来酸为原料，经过一系列工艺制备得到的富马酸就是一种食品添加剂。一般而言，富马酸可以被添加到淀粉等食品之中，对酸度起调节作用。而马来酸的滥用，主要就是将其添加到淀粉之中来增加产品的弹性、黏性以及亮度，从而扩大销量。马来酸没有任何营养价值，属工业原料，GB 2760—2014《食品安全国家标准：食品添加剂使用标准》未将它列为食品添加剂，将马来酸添加到任何食品之中都是赤裸裸的违法行为。任何一家食品生产企业都应充分认识到此种违法行为的严重后果，一旦在食品生产中应用马来酸，就应立即停止此类产品的生产以及后续销售，对于已经流入市场的产品，应立即通过各大超市予以下架并且尽快组织召回。淀粉加工企业在监测过程中如果发现马来酸成分，应立即停止使用该原料，并通过网络、报纸等多种形式及时告知消费者，以免消费者健康受到影响，同时尽力维护企业名誉。

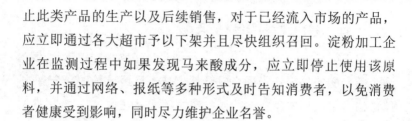

二、马来酸对人体造成的危害

如果食用了添加马来酸的淀粉食品，首先就会感受到来自皮肤、胃、呼吸道、眼睛等部位的刺激，其次就是自身内分泌发生紊乱的现象，身体各项机能逐渐出现异常。马来酸主要攻击的部位是人体的肾黏膜，并且损伤肾小管，最终对肾脏造成严重损伤。如果长期食用添加了马来酸的"毒淀粉"，还会造成神经性毒害，具体表现为生长发育的迟缓，也有可能令消费者不育。添加马来酸的淀粉制品的弹性以及韧性均会有明显的增强，并且在冷冻之后不容易出现粘连、结冰的现象。消费者对于明显表现出上述特性的产品要加紧防范。

三、专家有话说

对食品生产进行精准控制，从源头上杜绝马来酸添加在食品之中的违法行为，才是对于此类"食品添加剂"管理的关键举措。《食品安全法》对食品添加剂进行了明确的规定，制定了严格的审批管理制度。凡是并未被收录在食品添加剂目录之中的添加剂，哪怕暂时没有发现其对人体健康的负面影响，也不能应用于食品生产。而生产过程中使用的食品添加剂及其用量都应准确标注在食品的外包装标签上，如有违背，一经发现就要受处罚。另外，生产工艺、采购记录等也需要如实记录并且妥善保存，作为生产过程中是否添加了非法物质的重要证据。

第二节 漂白剂中的二氧化硫

在市售食品中，很多食品是经过漂白处理的。而不少消费者在购买一些食物时总对白色食物情有独钟，也都更倾向于购买此类食品。但是，食品在经历漫长的生产、加工、运输、销售的过程之后又是如何保持雪白的呢？很可能是源自二氧化硫等物质强大的"漂白作用"。不仅是食物，一些直接接触食品的常用物品，如一次性筷子等，也会经历二氧化硫的漂白洗礼。有消费者敏锐地察觉到，超市商场中销售的开心果的颜色似乎悄然之间发生变化，不同于以往的雪白颜色，一些新一批的开心果外壳呈现浅棕色。其实，浅棕色才是开心果原始的颜色，有些白色的外表是用漂白剂漂白出来的。

一、漂白剂中的二氧化硫是什么

食物中的二氧化硫来源主要有两条，一是二氧化硫作为食品添加剂外源性添加；二是食品内源性生成。

二氧化硫是在食品加工过程中被广泛使用的一种食品添加剂，而食品中二氧化硫含量超标主要原因是外源性添加过多。部分不法商贩为了优化食品外观，扩大产品销量，过度地在食品生产加工过程中加入二氧化硫及其盐类，就导致最终产品二氧化硫超出标准限量，为消费者健康带来潜在危害。

二氧化硫在食品加工过程中起着多重作用，一方面，可以有效地抑制非酶褐变，从而在维持食品色泽上起着积极作用；另一方面，可以作为防腐剂，通过抑制部分霉菌以及多种细菌的生长繁殖来延长食品的保质期。二氧化硫添加剂不仅局限于二氧化硫，亚硫酸钠、亚硫酸氢钠、低亚硫酸钠以及焦亚硫酸钠均属于这一范畴。但是，二氧化硫及亚硫酸盐易与食品中的一些物质发生化学反应，一旦这些添加剂使用过量，并且在后续的加工过程中并未清除二氧化硫，必然会导致二氧化硫残留超标。这不仅有损食品的品质，而且会威胁到消费者的健康。

研究显示，就算没有人为地增加外源性亚硫酸盐等添加剂，某些食品在发酵过程中也会产生亚硫酸盐。动物在自然生长过程中，也会通过植物的摄取而在体内蓄积一定量的二氧化硫。因此，无论是动物食品还是植物食品，其中都不可避免地含有一定量的天然来源的二氧化硫。

二、二氧化硫对人体的危害

食品之中的二氧化硫在进入人体之后会经过反应生成亚硫酸盐，而人体的组织细胞中含有的亚硫酸氧化酶会将亚硫酸盐氧化成硫酸盐，最终通过尿液排出体外，从而完成整个解毒过程。也正是由于人体这种解毒能力，让我们摄入少量的二氧化硫时，并不会对身体造成不利影响。但是如果摄入量超出我们的解毒能力，身体就会出现不良反应。长期摄入二氧化硫及亚硫酸盐会影响人体的生长与发育，多发性神经炎的患病概率增加，有可能出现骨髓萎缩等症状，并且出现慢性中毒的相关症状。长期食用硫黄熏蒸的食品，肠道功能就会紊乱，相伴而来的还有剧烈腹泻、头痛、肝脏的损伤，不能对营养进行有效吸收，严重的还会危害人体的消化系统健康。亚硫酸盐还会引发支气管痉挛，摄入过量可能造成呼吸困难、呕吐等症状。本身患有气喘的消费者如果摄入过量，易产生过敏从而引发哮喘。

三、如何应对

对生鲜食品进行漂白在如今的市场并不少见。商家紧紧抓住消费的"嗜白"心理，为了让产品更加符合消费者喜好并且谋求利益最大化，就昧着良心、违反法律，做出一些危害消费者的事情，如漂白鱿鱼。

漂白鱿鱼

色、香、味都是食物所呈现出的天然属性，使用食品添加剂改善食物的色泽的确有利于提高人们的食欲。在我国的传统文化中，白色往往是纯洁、新鲜和干净的代名词，因此白色的食物也更受消费者的偏爱。为此，科学、规范地使用添加剂以确保食物在保质期内保持优良的品质，是保障食物新鲜、安全的必要前提，也是每一个食品行业从业者应当秉持的态度。借由此类添加剂将腐败的食物重新包装后流入市场，或是单纯地迎合消费者对白色的偏爱，从而违反法律并且影响人们的健康，最终的结果注定是失去市场。

四、专家有话说

我国GB 2760 2014《食品安全国家标准：食品添加剂使用标准》对食品中添加二氧化硫类物质和硫黄有严格的使用范围、最大使用量、使用方式以及二氧化硫残留量等规定。

消费者应该尽量挑选原色食品，切忌购买颜色太白的食品。让非法漂白失去市场，让原色食品回到餐桌。

第三节 非法添加脱氢乙酸钠

曾有一位消费者食用水磨年糕后觉得不舒服，他看到产品配料表上标有食品添加剂——脱氢乙酸钠。他上网查阅国家相关法规后，认定脱氢乙酸钠是不能添加到水磨年糕中的。

随后，他又陆续到多家大型超市，发现这些超市销售的一些水磨年糕中，均添加了脱氢乙酸钠。国家标准规定：米粉制品中不能添加脱氢乙酸钠。

一、脱氢乙酸及其钠盐是什么

脱氢乙酸是一种食品防腐剂，主要用来抑制食品中的病菌，由于其作用范围广而被广泛使用。在1940年，人们首次发现脱氢乙酸具有强大的抗菌性，之后开始进行各方面的评估和研究，最后被允许使用在食品中用于防腐。目前，作为一种食品添加剂，脱氢乙酸的使用一般采用它的钠盐形式，更稳定高效，目前被允许使用在部分乳制品、豆制品、黄油以及个别饮料中。脱氢乙酸在食品、饮料、医药制剂和化妆品等行业都有广泛的使用，通过抑制产品中有害微生物的繁殖起到防腐的作用，对酵母、霉菌和细菌的抑制效果最为显著。脱氢乙酸十分稳定，耐酸耐碱耐热，受食品pH的影响较小，也不会被高温加热破坏。据研究，即使在120℃下加热15分钟，脱氢乙酸钠仍然有稳定的抑菌防腐作用，因此可以用于需要加热的食品中，具有较高的安全性。

二、脱氢乙酸钠对人体的危害

年糕是一种水分含量比较高的传统食品，十分适合微生物生长，所以年糕在整条食品加工和供应链中都很容易被微生物感染，尤其是大肠杆菌以及其他的致病菌。按照国家标准，脱氢乙酸及其钠盐并没有被允许使用在年糕中，但仍然存在使用脱氢乙酸及其钠盐的现象，主要是生产商或食品经营者为了减少年糕中的微生物残留而采用的对策，应该如何判定这种违规使用添加剂的行为，需要从以下两个方面来考虑：①食品安全是全国食品经营者乃至全国人民都十分重视的，大家共同监督，约束了食品生产经营者使用食品添加剂的范围，大部分经营者并不会主动非法使用添加剂。而添加脱氢乙酸的行为却较为普遍，需要进一步地调查和整改。②GB 2760—2014中允许在淀粉制品中使用脱氢乙酸及其钠盐，可能是部分厂商把年糕理解成是淀粉制品，错误地使用了添加剂，这就不是"故意违规添加"，而是"超范围使用"添加剂。

◾ 三、如何应对

消费者应了解脱氢乙酸的使用方法和添加量，例如，在肉制品、复合调味料、糕点中不得超过0.5克/千克；黄油、果蔬汁（浆）、发酵豆制品中不得超过0.3克/千克等。在购买商品时，应注意查看成分表。

◾ 四、专家有话说

脱氢乙酸及其钠盐可以作为防腐剂用于食品中，但须注意可用的食品类别及最大使用量。同时，水磨年糕一般归属大米制品而非淀粉制品，所以不能使用脱氢乙酸及其钠盐。当然，相同食品按照不同的生产工艺也有不同的参考标准，所以商家要选对所参考的国家标准，避免违规添加或非法使用。

第四节　被禁用的明矾

2014年7月，原国家卫计委等五部门规定，以十二水合硫酸铝钾和硫酸铝铵为代表的含铝膨松剂不能再被使用到面制品中（除油炸面制品、挂浆用的面糊、裹粉、煎炸粉外），包括馒头、发糕等；任何含铝食品添加剂都不能被使用在膨化食品中。含铝膨松剂中最具代表性的就是明矾和泡打粉，它们的主要成分就是十二水合硫酸铝钾和硫酸铝铵。

◾ 一、明矾是什么

明矾可用于造纸，制备铝盐、发酵粉、油漆、鞣料、澄清剂、媒染剂、防水剂等，还可用于食品添加剂。在我们的生活中常用于净水和做食用膨胀剂，像炸麻圆、油条里都可能含有。

二、明矾对人体的危害

过量摄入铝元素与人体产生多种疾病有关，包括阿尔茨海默病、骨质疏松、非缺铁性贫血症等，还能降低人的免疫能力，更容易感染疾病。而且，少量的铝如果通过长期食用容易在人体内蓄积，对人体的各种神经和内脏功能都会产生影响。人体吸收明矾中的铝之后很难通过自身的循环系统将其排出，更

阿尔茨海默病

容易残留在肺、肝、脑、睾丸等器官内。另外，铝元素对人体是一种慢性危害，在一开始并不容易被发现，等到经过长时间的积累，机体已经被疾病缠身时发现，就难以治愈了。

如何才能在日常生活中减少明矾或铝的摄入呢？最主要的还是需要注意从安全可靠的渠道购买食品，保证食品能够溯源。其他还有以下几个方面：

其一，由于地方习俗不同，北方人喜面食，所以相对于南方人来说可能摄入较多的铝，建议多种主食混合或者轮换食用，把面食搭配米饭和杂粮，不仅减少了铝的摄入，还保证了膳食的平衡。

其二，对于市面上的油炸面制品，尽量不吃或少吃，看到

一些馒头、包子等面制品如果过于蓬松，首先确定其有没有使用明矾等含铝膨松剂，如果有则尽量不要食用。

其三，需要提到是一种特别的食物——海蜇，由于其特殊的加工工艺，海蜇的铝含量往往较高，平时可以减少食用次数或者吃前用食醋处理，能减少铝元素的摄入。

其四，不要把一些酸性物质，如番茄、食醋等，用铝制容器或铝箔来盛装。

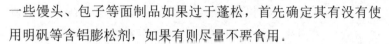

第五节 认识防腐剂苯甲酸的好与坏

近年来，食品安全问题备受人们的关注。其中，作为食品添加剂中的重要成员之一——防腐剂苯甲酸，也因为各类超标案件而逐渐出现在大家的视线中。一系列超标案件，无不让人们愈发对添加剂产生疑虑。

一、防腐剂苯甲酸是什么

苯甲酸作为食品工业中常见的一种防腐保鲜剂，有抑制真菌、细菌、霉菌生长的作用。它的蒸气有很强的刺激性，吸入后易引起咳嗽。苯甲酸对微生物有强烈的毒性，但其钠盐毒性则很低。

苯甲酸及其钠盐在酸性条件下防腐性能最强。在作为防腐剂或抗微生物剂使用时，由于苯甲酸的溶解度小，使用时须经充分搅拌，或溶于少量热水或乙醇。在制作清凉饮料用的浓缩果汁中使用时，因苯甲酸易随水蒸气挥发，故常用其钠盐。

在食品中，食品配料标签常写有山梨酸钾、山梨酸钠、对羟基苯甲酸乙酯、苯甲酸钾、苯甲酸钠等。这些其实都是防腐剂。

二、苯甲酸超标对人体的危害

每千克体重每日口服5毫克以下苯甲酸，对人体并无毒害。在人体和动物组织中可与蛋白质成分的甘氨酸结合而解毒，形成马尿酸随尿排出。苯甲酸的微晶或粉尘对皮肤、眼、鼻、咽喉等有刺激作用。如果大量服用其钠盐，也会对胃有损害。长期食用苯甲酸超标的食品，会对人体健康带来不利影响。对包括婴幼儿在内的一些特殊人群而言，长期摄入苯甲酸也可能带来哮喘、荨麻疹、代谢性酸中毒等不良反应。另外，在一定程度上也会抑制青少年骨骼生长，危害肾脏、肝脏的健康。

三、专家有话说

食品行业无法离开防腐剂，若没有防腐剂，食品根本无法在不同地区之间运输，同时，若没有防腐剂延迟微生物生长或化学变化带来的腐败的话，人们在日常饮食中所面临的潜在危害会更大，因此需要有关部门严格把控、制造商严格按照最新的法律法规进行限量添加，这样才能真正地发挥防腐剂的价值。

第五章
非法添加化学物

　　非法添加物，是指那些不属于传统上被认为是食品原料的、不属于批准使用的新资源食品的、不属于国家卫生健康委员会公布的食药两用或作为普通食品管理物质的，也未列入我国《食品添加剂使用卫生标准》及国家卫生健康委员会食品添加剂公告、营养强化剂品种的，以及其他我国法律法规允许使用物质之外的物质，均为非食用物质。非法添加化学物和食品添加剂不能混为一谈，二者是有明确区别的。

　　近年来，多起食品中含有非法添加化学物案件曝光，在本章中，就详细讲述了几件因非法添加化学物引发的食品安全事件，从而使人们了解食品安全相关知识。

第一节　孔雀石绿或成水产品中的隐形杀手

　　2010年，深圳市市场监督管理局在深圳市富丽华大酒店餐饮部的生鲜（北江钳鱼）中检测出隐性孔雀石绿。

　　2013年9月25日，罗湖区罗芳水产批发市场的4家水产品（黄骨鱼等）抽检不合格门店11个批次的鱼类水产品样品中有6个批次被检测出食品动物禁用的孔雀石绿。

2014年元旦前夕，深圳市食品安全监管局抽检水产品样品10批次，检测项目包括孔雀石绿等，检出不合格样品1批次。

2014年8月29日，深圳市食药监局发现7个水产品样品检测不合格（其中孔雀石绿超标5个，硝基呋喃代谢物超标2个）。

一、孔雀石绿是什么

孔雀石绿虽然名字中有孔雀石，但它并不含有孔雀石的成分。孔雀石和孔雀石绿是两种完全不同的物质。孔雀石是一种天然矿石，它的主要成分是碱式碳酸铜。而孔雀石绿是一种人工合成的绿色染料，同时也有杀真菌、细菌和寄生虫的效果。孔雀石绿进入人类或动物机体后，通过生物转化，还原代谢为脂溶性的无色孔雀石绿（隐性孔雀石绿），具有高毒素、高残留和致癌、致畸、致突变作用，严重威胁人类身体健康。

孔雀石绿具有抗菌杀虫作用的原因是它能阻止细胞内的氨基酸转化为蛋白肽，使细胞分裂受到抑制。不法商贩偏爱使用孔雀石绿的原因主要有以下几点：一是使用孔雀石绿溶液对运输鱼类的车厢进行消毒可以延长鱼类的存活时间；二是用它对存放活鱼的鱼池进行消毒可以治理鱼类的真菌感染（如水霉病）；三是使用过孔雀石绿消毒的鱼死后颜色也比较鲜亮，消费者很难通过鱼的外表判断其是否新鲜。

二、孔雀石绿对人体的危害

孔雀石绿及其代谢产物无色孔雀石绿的化学性质使它具有生成自由基、抑制谷胱甘肽S转移酶活性、在人体组织中蓄积的特点。因此孔雀石绿可以影响正常细胞凋亡过程，对人体有诱发肿瘤，影响人的肝、肾和肌肉组织等危害。

三、如何应对

在选购水产品时应注意以下几点。

观察。尽量选购鱼身无损伤的活鱼、鲜鱼。可以通过鱼的体表黏液是否透明光滑，鱼的鳞片是否紧实，鱼的眼球是否清澈，鱼的鳃盖是否紧闭，鱼鳃是否干净来判断鱼是否新鲜。通常刚死不久的鲜鱼鱼体结实，鱼肉有弹性，肉质紧密。判断鱼是否经过孔雀石绿溶液浸泡可以通过观察鱼鳍颜色和鱼体伤口颜色辨别。孔雀石绿溶液浸泡过的鱼鳍会染上绿色，鱼身伤口表面发绿，严重的会呈现青草绿色。

清洗。孔雀石绿常用于甲鱼、河蟹、鳗鱼等水产品的养殖过程中。微生物易聚集在水产品的呼吸器官、排泄器官、内脏等部位，烹饪水产品前要用清水反复清洗干净，最好多洗几遍或放养片刻，尽量不要立即宰杀。

熟食。生长在河水、海水中的鱼虾等产品本身带有微生物，同时不卫生的加工制作过程也可能带来新的细菌污染。相较于直接生食水产品，经过热加工的水产品可以很大程度降低食品安全风险。

勿生食

资质。购买水产品要到有资质的正规店铺购买，才能有安全保障。同时，正规餐厅应具有餐饮服务许可证，在外就餐时尽量选择食品安全等级较高的餐馆。

四、专家有话说

挑选鱼的小技巧：通常鲜活的鱼鱼鳍根部色泽自然，常呈肉色或微微泛红，用手打开鱼鳍后，鱼鳍会自然回缩。若鱼鳍根部为蓝绿色，同时鱼鳍回缩也生硬不自然，则很有可能经过孔雀石绿处理。千万不要购买这样的鱼。

第二节　辣椒为何那样红

工业染料罗丹明B可以将辣椒染成鲜艳的红色，近年来，市场上出现了不少添加这种国家规定食品中违禁添加物质的染色辣椒和染色辣椒面，这引起了消费者和市场监管部门的警觉。

一、苏丹红和罗丹明B是什么

苏丹红是一种人工合成的工业染料，在20世纪初期曾被美国批准用作食品添加剂。但随着人们对其毒性的认识逐渐清晰，到了20世纪90年代时，它就被多个国家禁止用于食品中了。

罗丹明B与苏丹红类似，都是人工合成染料，曾经用作食品添加剂，因为其具有较大毒性，有致癌作用，现在已经不允许用于食品染色了。

苏丹红和罗丹明B具有价格低廉、不易褪色的优点，一些不法商家将苏丹红和罗丹明B当作色素加入辣椒等食品中，以弥补天然食品经过长时间放置后可能产生的色泽黯淡、变色的现象，使产品维持鲜亮的色泽和较好的外观。更有甚者利用苏丹红将其他植物粉末染色后掺入辣椒粉末中，以达到降低成本的目的。这种掺假、非法添加的行为给消费者的食品安全带来了很大的隐患。

二、苏丹红和罗丹明B对人体的危害

苏丹红一旦被摄入人的机体，会通过人体内的代谢产生具有遗传毒性的苯胺或萘酚的衍生物，这是因为苏丹红含有一种叫萘的化合物，在体内通过多种还原酶代谢后产生了有毒的胺类物质。如胃肠道中的微生物还原酶、肝和肝外组织微粒体和细胞质的还原酶都可以对苏丹红进行代谢。国际癌症研究机构将苏丹红一号归为三类致癌物。

我国监管部门对罗丹明B的打击力度是非常严厉的，罗丹明B也是第一批被列入我国《食品中可能违法添加的非食用物质和易滥用的食品添加剂名单》的非法添加物质。研究证明罗丹明B对人的心脏有直接毒性，并且具有致癌、致突变的性质，会直接危害到人体健康。

三、如何避免买到染色辣椒

看颜色。自然成熟的辣椒颜色比较黯淡，而染色辣椒面普遍呈鲜红色。未染色的辣椒整体颜色不会非常均匀，可以通过辣椒外部看到内部黄色的颗粒状种子。

闻味道。染色的辣椒面没有天然辣椒面特有的呛鼻气味，可以通过味道辨别辣椒面是否被染色。

看掉色情况。染色辣椒面表面会有色素残留，若用手或湿纸巾擦拭可以看到明显不正常的颜色残留，甚至发现辣椒面掉色的现象。

食用色素加入辣椒

加食用油。苏丹红和罗丹明B可以溶解在食用油中，取少量辣椒面并加入食用油，静置一会儿后再观察，若食用油变色，辣椒面就是染色的。

炒制。染色辣椒面是没有辣椒面的呛味的。将辣椒面炒制一下，真辣椒会冒烟并让人打喷嚏流眼泪，如果只有烟，没有呛味，则是染色辣椒面。

暴晒。天然辣椒中含有红色的植物色素，在长时间存放或暴晒后，其颜色会逐渐变得黯淡。而染色辣椒面即使经过暴晒也会鲜艳如初。

为了避免买到染色辣椒面，最简单的办法当然就是自己购买整只辣椒，然后磨碎。

四、专家有话说

以下几点辣椒食用建议，谨供读者参考：

1.辣椒要充分加热后食用

加热可以降低辣椒中含有的辣椒素对口腔黏膜和胃肠道黏

膜产生的刺激，虽然不少人可能偏爱鲜辣椒的口感和刺激感，但还是要注意保护肠胃。

2.吃辣要看体质

中医认为辣椒有温中散寒的功效，因此对于贫血、手足温度低的人来说，辣椒可以作为食疗的一种材料。但是辣椒味辛性热，阴虚火旺，有痔疮、痤疮、便秘等症状的人和胃溃疡、食道炎患者尽量不要食用。另外，辣椒有祛湿的作用，在北方生活的人在春秋干燥的时候要少吃。

3.搭配解辣食品

辣椒素对口腔的刺激虽然过瘾，但也不能多吃。一般来说，甜味、酸味的食品有解辣的功效，这是因为甜味有遮盖干扰辣味的作用，辣椒素是碱性物质，可以用酸中和。觉得太辣了，蘸点醋、喝碗冰凉的甜饮料、来块凉爽的水果都很有用。如果是在家做辣味的菜，要尽量选滋阴、降燥、泻热的食物来搭配，也可以煮点清凉的绿豆粥、荷叶粥来败败火。

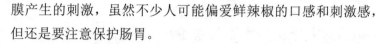

第三节 隐形的白色杀手——工业石蜡

"卖相"太好的糖炒板栗可能加入了对身体有害的工业石蜡。近些年来，"石蜡事件"不仅只出现在糖炒板栗上，监管部门多次从油料如火锅底料，方便食品如方便粉丝，食品包装材料如劣质桶装方便面的桶壁，甚至一次性筷子和纸杯中检测出工业石蜡成分。石蜡究竟是何种物质？加入食品中有何作用？我们该如何应对？

■ 一、石蜡是什么

石蜡是石油加工产品的一种，是矿物蜡的一种，也是石油蜡的一种。石蜡可分为工业级和食品级，工业级石蜡是直接从石油中提取出的，食品级石蜡的主要原料是含油蜡，经脱油精制而成。石蜡可以作为食品加工助剂，如消泡剂、脱模剂、胶基糖果中基础剂、被膜剂等。石蜡可以起到隔绝水的作用，因此常用于食品包装材料或食品接触容器的表层。

虽然石蜡可以用在食品中，但因为石蜡品质的不同，其添加范围也有所不同。如食品包装石蜡的适用范围是食品包装，如方便面桶壁，而不能直接添加进方便面中。一些商家为了节省成本而混用、错用不合适的品质的石蜡，就容易造成非法添加事件。

■ 二、食品中非法添加石蜡对人体的危害

石蜡具有矿物蜡的特性，不会黏附在胃壁上，因此如果误食少量石蜡，对人的危害不会很大。误食的石蜡会变成粪便，随着其他的食物残渣一同排出体外。当然，对于婴儿或是消化系统有缺陷的人而言，还是尽量避免食用石蜡为好。石蜡毕竟是由石油中提取出来的，可能存在如重金属、多环芳烃等杂质污染，因此食品行业规定，涂蜡杯及食品中使用的石蜡必须是食品级石蜡。

三、如何应对

工业石蜡由于存在较多杂质，成分复杂，摄入后对人的健康可能存在影响。但品质较好的石蜡是没有太大的副作用的。在医学领域中，石蜡油还可以作为胃镜、肠镜检查时的润滑剂使用。

石蜡

不过在生活中存在非法使用石蜡的现象。在糖炒栗子中加入石蜡可以让栗壳油光发亮、色泽诱人，即使长时间放置也不会黯淡。我们可以通过加水看油花来辨别是否添加了石蜡，也可以通过触摸起来是否打滑来辨别。若是水中漂浮有油状物或栗子壳打滑，最好不要食用这样的栗子。

四、专家有话说

我国对于非法添加使用工业石蜡的打击力度是十分大的，一方面，国家明令禁止食品企业在生产加工中对工业石蜡的添加使用；另一方面，对有关部门查处的非法添加工业石蜡的企业和工厂，也给予严厉的惩罚。通过这样的严格立法和执法过程，使不法商家无所遁形，保障人民的食品安全。

第四节 警惕食品中的吊白块

2014年5月14日，北京市食药监局在全市责令5种不合格食品下架停售，在某品牌卤味腐竹中检测出了国家明令禁止使用的甲醛次硫酸氢钠，俗称"吊白块"。2016年7月，山西抽查到4批次含有甲醛次硫酸氢钠（吊白块）的不合格腐竹。吊白块具体是何物质？为何被添加到食品当中？对人体有何危害？我们又怎么鉴别它呢？

一、吊白块是什么

吊白块有漂白作用。有些违法生产商忽视国家法律法规和人民食品安全，向食品中加入具有漂白增色、防腐、改善口感作用，但对人体安全有危害的吊白块，来掩盖其在生产工艺和原材料选择上以次充好的行为。

近年来，吊白块被一些不法厂商在食品加工中添加用作增白。比如，高品质的米粉应是洁白有光泽、又有一定韧性的，使用劣质原材料加工的米粉往往发暗发黑，韧性不够。因此有不法厂商在劣质米粉中添加吊白块漂白，将其伪装成颇具韧劲、白度较佳的优质米粉。

二、非法添加吊白块对人体的危害

吊白块是致癌物质之一，对人体的肺、肝、肾等器官有极强的毒性。这是由于吊白块对细胞有原浆毒作用，损伤机体的某些酶系统，导致人体多系统受到损害，并以呼吸系统及消化道损伤为主要特征。损伤情况要视摄入吊白块的量而定。当含有吊白块的食物进入人体，数小时后便会产生中毒症状，可能会出现打喷嚏、咳嗽、声音嘶哑的情况，紧接着会感到肺部、头部疼痛，缺乏食欲、头晕恶心。若食用吊白块的量较多，则可能出现黄疸、血管水肿出血的症状，有时还会出现畏寒、发热、少尿、血压下降等情况。

三、如何应对

确定食品中是否添加了吊白块需要通过专业的仪器和人员对其进行检测，消费者一般很难直接鉴定，但在选购食品时也有一些小方法能帮助消费者避免买到含有吊白块的食品。

看。主要观察产品色泽和组织状态两个方面。正常食品的色泽自然，具有其原本的颜色和光泽。比如，自然的面粉和豆腐干应是白中带有些许黄色，而不是纯粹的白色。正常食品的组织状态应视产品不同而定，例如上文中提到的面粉和豆腐干，面粉的组织状态应是质地细腻干燥，豆腐干的组织状态应是有弹性、有光泽的。

闻。通过嗅闻辨别食品是否有异味。正常食品应具有其独特的香味，仍旧以面粉和豆腐干举例。面粉应具有小麦香味，炒制加热后更为明显。豆腐干应具有大豆的清香味。如果产品有明显的臭味、霉味时，那它可能已经变质，不应购买食用。有其他刺激性异味，如煤油味时，也最好不要购买。

尝。通过少量品尝辨别食物是否正常。正常面粉的味道很淡，没有很重的甜味或酸味，也不会发苦刺喉。

四、专家有话说

虽然吊白块有着提升产品韧性和增白增色的作用，但它对人的危害作用是不容忽略的，因此任何在食品生产过程中添加吊白块的行为都是违反国家法律法规的。任何企图利用吊白块等非法添加物改善食品性质，以欺骗消费者、以次充好的行为，都是不可行的。要想真的获得市场声誉和消费者认可，还是要靠提高原料质量和生产工艺水平，以造就更好的产品。

第五节 少用塑料制品，远离塑化剂危害

近几年，"塑化剂"事件层出不穷，从非法添加塑化剂的毒饮料到塑化剂超标的酒，再到塑化剂超标的食品塑料袋，都给民众心上留下一层阴影。为什么大众提到塑化剂就为之色变？塑化剂对我们的身体健康有什么样的危害？我们又该以什么方法辨别塑化剂是否在我们的身边，确保自己的安全？

一、塑化剂是什么

塑化剂是一种可以增加产品可塑性、柔韧性或膨胀性的有机物质，在工业生产时，常作为生产助剂被应用于塑料制品，特别是聚氯乙烯塑料制品中，导管、输液袋等医用塑料用品也常使用。除此之外，我们还可以在混凝土、石膏、化妆品等物品中发现塑化剂的存在。

二、塑化剂对人体的危害

DEHP为塑胶制品常用的一种塑化剂，目前还没有确切的科学证据证明其对人体影响究竟到了什么样的程度。国际癌症研究机构将DEHP归类为第2B级人类致癌物，为可能致癌物。

塑化剂DINP是种复杂的混合物，它不是食品添加剂，它对动物的急性毒性比DEHP低，经研究发现DINP无遗传毒性。

塑化剂是一种只能在工业上使用、不能作为食品添加剂使用、有很大毒性的石油化工产品。任何在食品、药品和保健品中添加塑化剂的行为都是不合法的。但仍有商家为了降低成本或提高产品品质稳定性而使用塑化剂。

三、如何应对

为降低对塑化剂的吸收，我们在日常生活中要养成一些生活习惯。一是尽量少使用塑料制品，可自带不锈钢杯或玻璃杯等代替喝饮料时使用的塑料杯。二是尽量不要加热塑料制品，无论是盛放热食，还是使用微波炉加热塑料容器内的食品，或是蒸煮时使用保鲜膜，都是不太好的生活习惯。三是尽量不要使用塑料制品包

少喝用塑料杯装的饮料

装油性食物，塑料微粒具有一定的脂溶性，是有可能溶解到食用油中的。四是在购买玩具、洗护用品等商品时要注意查看标

签，选择购买标有"不含塑化剂"的产品。

四、专家有话说

食品安全不仅指食物的安全，食品包装材料、入口产品的安全也不容忽视。要想真正实现食品全产业链的安全，生产商应严格按照国家标准规范生产，这样才能保证我们国家的食品安全。

第六节 可致人死亡的瘦肉精

近期，某市食药监管局通报食品安全监督抽检情况，在各类食品中，肉及肉制品和水产及水产制品的合格率最低，分别只有95.3%和95%，有2批次牛肉制品被检出瘦肉精成分，此事引起了人们的关注与担忧。

一、瘦肉精是什么

瘦肉精是一类可以用于提高猪肉瘦肉率的激素类药物的统称。瘦肉精在带来经济效益的同时也具有不可忽视的危险性。据报道，在1998年就有瘦肉精中毒事件发生，2001年广东曾经出现过批量瘦肉精中毒事件，上海也曾出现过几百人瘦肉精中毒的事件。

二、瘦肉精对人体的危害

瘦肉精的本质是激素类药物，一般只要将激素类药物控制在一定的剂量，是不会对人体产生明显危害的。当把用于人的药用剂量提高10倍，再注射到猪的体内，则可以达到提高瘦肉率的效果。但这样的剂量过大，在猪的生长、宰杀、上市的过程中，猪肉可能残留大量的瘦肉精。消费者购买了这样的猪肉并且食用后，极有可能造成大量激素在体内蓄积，从而影响到身体健康。

■ 三、如何应对

1. 看油

看猪肉脂肪（猪油）。瘦肉精可以直接影响猪肉肌肉和脂肪的生长，受瘦肉精影响，猪后臀部的肌肉会饱满突出，颜色鲜艳，而脂肪层则比较薄，脂肪内毛细血管分布较密，甚至充血。

2. 观色

观察瘦肉的色泽。受瘦肉精影响，猪肉瘦肉部分颜色鲜艳发红，而健康猪瘦肉为淡红色。同时可以根据猪肉纤维是否松散，猪肉表面是否有类似"汗水"的物质渗出肉面来判断猪生长过程中是否被添加了瘦肉精。健康的猪瘦肉肉质弹性好、纤维紧实，肉上没有"出汗"现象。

3. 测酸碱性

用pH试纸检测猪肉的酸碱性。新鲜猪肉根据宰杀后存放时间的不同，其pH会有些许变化。放置1小时后的猪肉的pH范围在$6.2\sim6.3$，随着时间推移，其pH缓慢降低，6小时后pH范围在$5.6\sim6.0$。使用过瘦肉精的猪肉由于肌肉中含有大量激素，其pH明显小于正常范围。

4. 查资质

检疫印章和检疫合格证明是保证猪肉符合国家相关标准的必要资质，在购买猪肉时一定要查看该猪肉是否满足资质。

四、专家有话说

防止非法添加瘦肉精可从两个方面出发。

在监管方面，从源头开始严格控制每个可能被污染的环节。在食品生产的全过程中始终贯彻安全生产的理念，加强市场监管和打击力度。

在生产方面，加强对瘦肉精危害的宣传，开展对养猪户、养猪场工作人员的培训工作，争取从源头减少瘦肉精的使用。同时可以通过科技手段改良猪的品种，改变饲养条件，满足消费者对猪瘦肉的需求。

第六章

微生物污染

食品微生物污染指在食品加工、运输、储存、销售过程中产生的微生物及其毒素污染。微生物污染会降低食品的卫生质量，还会给食用者带来不同程度的危害。

在所有食物中，海鲜是最容易产生微生物污染的。海产品一定要煮熟食用。只有当食物很新鲜时，食品才是安全的，如生鱼片一定要食用很新鲜的。在普通超市和饭店，最好少吃生鱼片。

除水产品外，其他动物食品（例如肉类、蛋类和牛乳）

海鲜类食品

的微生物污染也很严重。蔬菜和水果的微生物污染要比动物食品少得多。果蔬表面主要含有乳酸菌，致病菌较少。但与动物食品混合或接触某些污染来源，也会使蔬菜和水果感染病原微生物。

在本章中，介绍了几个典型的微生物污染食品安全事件，帮助大家了解常见微生物污染类型及危害，以便在日常生活中注意防范微生物污染食品。

第一节 海洋中的无声杀手——海洋创伤弧菌

宁波市一位感染海洋创伤弧菌的患者于2012年8月因心、肺、肾等器官功能衰竭而死亡。2014年6月，海洋创伤弧菌在温州出现，造成2人感染，1人死亡。近年来海洋创伤弧菌病例渐有增多和向内地扩散的趋势，给欢乐的旅游和品尝海鲜带来很多遗憾。

一、可怕的海洋创伤弧菌

海洋创伤弧菌与霍乱弧菌、肠炎弧菌并列为造成人类感染疾病的三大弧菌。食用生蚝等海鲜、受海水污染或被海鱼、贝类、渔具刺伤等都可能引起海洋创伤弧菌感染。

海水、近海、海湾和海底沉积物中都有海洋创伤弧菌。它是一种分布广泛的海洋细菌，海鱼、生蚝、海蟹、贝类和鲸等海洋生物都有可能携带该细菌。

二、海洋创伤弧菌对人体的危害

正常人不容易感染危险的海洋创伤弧菌，酒精性肝硬化、有既往肝病、酗酒、遗传性血色素沉着症和慢性疾病等患者是容易被感染的。研究表明，慢性肝病患者，特别是酒精性肝病患者更容易受到海洋创伤弧菌感染。

病人若患有遗传性血色素沉着症和慢性疾病，如糖尿病、类风湿性关节炎、地中海贫血、慢性肾衰竭和淋巴瘤，最容易感染海洋创伤弧菌，因此最好不要生食贝类海鲜。

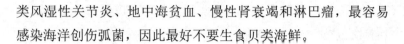
三、如何应对

海洋创伤弧菌主要通过以下两种途径感染：一条是食用生贝或未经加工的贝类（特别是生蚝）。其危害并不在于引起肠胃炎，而在于引发蜂窝组织炎和败血症。另外一条感染途径是受损皮肤接触了海水。比如，海鲜会刺穿皮肤和感染皮肤。病菌通过损伤的皮肤迅速扩散，引起坏疽，进而引起人体感染。

如何避免感染海洋创伤弧菌：不要食用生蚝和其他生贝；烹调海鲜时应充分加热。

如果海鲜有壳：用沸水煮海产品5分钟；打开贝类海鲜外壳，蒸9分钟。如果海鲜无壳：将其煮3分钟；用190℃的油煎炸或炒制10分钟以上；在烹饪时避免生熟海鲜交叉污染；煮熟贝类后及时食用，剩下的部分密封冷藏；避免将裸露的伤口或受损的皮肤暴露在大量贝类生长的环境周围或温热的咸水中；戴防护套/手套处理贝类。

四、专家有话说

海洋创伤弧菌并没有我们想象中那么可怕，只要对它有正确认识和应对方法，完全可以让它消失在我们的视野中：提高对这种细菌的认识，并相互宣传；尽量将海鲜煮熟，并尽量少吃生冷食物；避免伤口与海水接触，清洗海鲜时避免将皮肤划伤；皮肤出现看起来与烫伤相似、呈红色的水泡时，且最近食用过生海鲜、被海鲜刺伤皮肤或在海边工作等，请尽快到医院就诊，不要等到皮肤出现水疱后再去看医生，这种水疱一般会造成皮肤较大面积坏死，很难抢救。只要人们注意预防，不要惊慌，就能做到早发现、早治疗。

第二节 远离李斯特菌

2011年9月至11月，美国发生了一起食源性疾病暴发事件。有报道称，丹麦有肉类受污染，曾经在一段时间内，有20人受到感染，其中12人死亡。导致此类中毒事件的罪魁祸首是一种名为"李斯特"的菌。2016年5月，美国明尼苏达州的一家食品公司召回公司销往至少24州的带葵花籽食品，召回这些食品的原因与担心它们受到李斯特菌污染有关。

李斯特菌

一、李斯特菌是什么

李斯特菌属有8个菌种，其中仅李斯特菌（又名单核细胞增生李斯特菌）对人有致病性，引起李斯特菌病。李斯特菌是土壤中非常常见的腐生菌，它依靠死亡和腐烂的有机物为生。某些食品（主要是鲜奶）也含有李斯特菌，因其而导致的疾病是一种人畜共患病。

李斯特菌为革兰氏阳性菌，虽然它是常见的致病菌，如大肠杆菌和沙门氏菌，但却比某些大肠杆菌和沙门氏菌更致命。

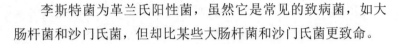

二、李斯特菌对人体的危害

一般情况下，健康的人在感染李斯特菌后会有一些较轻微的症状，可通过服用抗生素和/或消炎药物治疗。老人、孕妇、慢性疾病患者和其他免疫力较弱的人群最易感染。此类人群感染后，病情会加重，易引起脑膜炎、败血症等。判断李斯特菌是否进入人体导致细菌感染的主要因素是宿主年龄和免疫状况。大部分易感人群集中在新生儿、孕妇、40岁以上成人以及免疫缺陷患者中。患有该病的人通常不能迅速发育，潜伏期为7～56天。

三、如何应对

在自然界中，李斯特菌广泛存在。即便经过热处理消灭了它，产品也会受到二次污染。因为这种菌在4℃下还能生长繁殖，所以在生产过程、饮食和日常生活中，对不加热的冷藏食品要慎重对待。

一般情况下应尽量避免生吃鱼肉、牛肉和蔬菜等容易变质的食品，生果及瓜类应清洗干净，冰箱中的食材应生熟食分开存放；避免在冷藏室内长期保存食品；避免饮用未经充分加热的牛奶或食用由生牛奶制成的食品；软奶酪易变质，因此应注意储存条件；处理未煮熟的食品后，应该充分清洗手、刀和砧板；冷藏室内的食品在进食前应充分加热，温度必须达到70℃

并至少加热2分钟以上；开封后应尽快吃完食品。

■ 四、专家有话说

虽然食用熟食是中国人的主要饮食习惯，但是很多人还是喜欢新鲜食物特有的味道。所以我们需要更多地关注生鲜食品的冷链控制。不然，任何生鲜和有营养食品不仅不能提供美味的享受和健康营养，反而会造成灾难。

第三节 婴幼儿配方食品中的阪崎肠杆菌

某家国际乳品巨头在2003年主动召回了一批阪崎肠杆菌含量极低的早产儿特殊配方奶粉。中国政府对2004年安徽阜阳劣质婴儿配方粉污染阪崎肠杆菌事件给予了高度关注。近年来，国家质检总局进出口食品安全管理局公布的多批进境不合格婴幼儿配方食品中含有致病菌阪崎肠杆菌。

婴儿配方奶粉

■ 一、阪崎肠杆菌是什么

阪崎肠杆菌是一种常见的人体肠道菌。这种细菌在特定条件下可引起人畜共患病，被称为"条件致病菌"。尽管目前还没有确定阪崎肠杆菌的宿主和传播途径，但已经基本被证实，许多新生儿阪崎肠杆菌感染病的主要感染源是婴儿配方奶粉。

在一般情况下，阪崎肠杆菌只感染免疫系统薄弱的人群，其对公众健康的影响日渐受到重视。阪崎肠杆菌可以在水、土壤、植物根茎、动物肠道甚至加工食品中被发现，来源广泛。

二、阪崎肠杆菌对人体的危害

世界卫生组织和许多国家已经确认，阪崎肠杆菌是导致婴儿死亡的一种重要条件致病菌。能引起任何年龄段人群的疾病，特别是早产儿、低体重儿或免疫缺陷婴儿。

大部分患儿临床症状轻、不典型、极易被忽视。全身症状：发热，新生儿体温不升高、嗜睡、拒奶、黄疸，面色苍白、皮肤发花甚至休克。消化系统症状：呕吐、腹胀、腹泻、黏液血便，肠鸣音减弱甚至消失，严重时可发生肠穿孔和腹膜炎。神经系统症状：烦躁、哭声尖直、嗜睡甚至昏迷，或出现凝视、惊厥。严重者可导致败血症、脑膜炎或坏死性小肠结肠炎。

三、如何应对

阪崎肠杆菌在自然界分布广泛，属于不耐热细菌，加热至72℃并持续15秒以上就可以将其杀灭。在正常情况下，阪崎肠杆菌对成人危害较小，但可引起新生儿特别是早产儿和低体重儿患病。在日常生活中家庭中的监护人应重视孩子的感冒症状，不应该仅用药物治疗儿童，一定要留意儿童的症状，以便发现脑膜炎的早期症状，不要使其恶化留下遗憾。大多数病人有轻微的消化道不适症状，并且可以很好地恢复；虽然感染阪崎肠杆菌的严重病例不多，但死亡率很高，人们应及时报告发现的病例。

四、专家有话说

婴幼儿缺乏自我保护能力，家长更应加倍小心。下面是一些保护婴幼儿免受包括阪崎肠杆菌在内的细菌感染的建议：

母乳哺乳。目前尚无纯母乳喂养婴儿感染坂崎肠杆菌的报告。如果做不到母乳喂养，最好选择液体配方奶。如只能选择固态配方奶粉，卫生习惯好、水温够足、储存方法安全是保护婴幼儿最好的方法。

使用清水与肥皂洗手；用洗碗机清洗奶瓶时，使用热水并启用干燥程序；如果手洗，使用含清洁成分的热水，之后注意消毒。

保持配方奶粉罐的盖子及取用勺的清洁，不要碰到其他地方；取出后，应当尽快将罐体密封好，不要等太久。在准备冲调时，应当使用使用70℃以上的热水。

喂奶前，请确保奶粉温度降至正常，不要让奶嘴碰到其他任何可能不洁净的地方。可以使用冷水帮助降温。

任何可能与婴儿接触的东西，不仅限于奶粉，都应该保持清洁。

第四节 最亲密的敌人——大肠杆菌

在2006年，O157:H7亚型大肠杆菌污染了美国部分菠菜，这种疾病在美国许多州蔓延；欧洲2011年出现的"毒黄瓜"事件也是由大肠杆菌感染而引起的。在全世界范围内，大肠杆菌已经造成了大量的感染和大量的死亡。

一、大肠杆菌是什么

大肠杆菌即大肠埃希菌，是一类与我们日常生活密切相关的细菌，是在人体大肠里寄生着的单细胞生物，对人体无害。新生儿出生数小时内，大肠杆菌就会被吞入并固定在肠道内。

在一般情况下，大部分大肠杆菌是安全的，它们既不会危害我们的身体健康，又能抵抗病原体，它们还有利于产生维生素K_2，我们与它们彼此之间是互利共生的。由于生存环境的变异，只有在某些特殊情况下，如免疫力下降或肠道长期缺乏刺激，它们才会因争夺"新地盘"，导致"性情大改"，造成某些部位或全身感染。所以大部分大肠杆菌被认为是条件致病菌。

二、大肠杆菌对人体的危害

患有肠出血性大肠杆菌感染的患者会发生严重的腹痛和反复的出血腹泻，并伴有发热和呕吐。严重感染可导致毒素通过血液传播，造成溶血性贫血，红细胞和血小板减少；当肾脏受到感染时，可能导致急性肾功能衰竭，甚至还会导致死亡。在一般情况下，大肠杆菌对多种抗生素敏感，但耐药的菌株也是常见的。对于我们普通人而言，对付此类病菌感染的最佳手段是预防。

人往往容易感染大肠杆菌，特别是老人和儿童。老年人和儿童感染后症状较重，易发生溶血性尿毒综合征，血小板减少性紫癜等并发症。在一些公众场所，如幼儿园、学校、监狱、敬老院甚至医院，经常会发生严重的疫情。1996年日本该菌大流行期间，患者大部分是学生。

三、如何应对

保持手部清洁，定期修剪指甲。

在吃东西或接触食物前，先用肥皂和水洗手，去厕所或换尿布后还要洗手。

最好使用白开水作为饮用水。

新鲜食品应在可靠的地点购买，尽量不要光顾无牌照的小贩，也不要吃不洁净的食品。

避免食用高风险食物，如未经低温消毒的牛奶，未熟透的汉堡牛排、碎牛肉和其他肉类。

在烹调时，可戴上干净围裙和帽子。

生食及熟食，特别是牛肉及牛内脏，应分开处理和储存，避免交叉污染。

如果把食物全部加热至75℃，就能消灭大肠杆菌O157：H7。

不要赤裸双手处理熟食，如果有必要，要戴手套。

食物煮熟后应尽快食用完毕。

如果需要保留剩余熟食，应尽快冷藏并再次食用。再次食用时应完全加热。变质食品应丢弃。

四、专家有话说

大部分肠出血性大肠杆菌感染是由于受到污染的食物和水源引起的。为此要加强对畜、禽产品和奶类的监管。防止食品被污染的同时要养成良好的生活习惯。

第五节 金黄色葡萄球菌对食品的污染

有媒体曝光，部分速冻水饺含有金黄色葡萄球菌。这个名字看起来很引人注目，人们平时接触到这种菌的机会不多，所以人们对其所造成的危害和影响还认识不清。在本节中将仔细介绍这种菌及其产生的毒素对人体的危害。

一、金黄色葡萄球菌是什么

金黄色葡萄球菌在自然界中广泛存在，这种细菌存在于空气、水、灰尘及人和动物的排泄物中。所以食物被污染的机会很多。在通常情况下，金黄色葡萄球菌的流行病学有如下特点：季节分布，主要是在春季和夏

速冻水饺

季流行；奶、肉类、蛋类、鱼类及其制品可能受到其污染。另外，还出现过剩饭、油煎蛋、糯米糕及凉粉中毒事件。

二、金黄色葡萄球菌对人体的危害

食品生产、加工、包装、储存、流通等诸多环节可能受到金黄色葡萄球菌的污染。

金黄色葡萄球菌感染会导致肺炎、心包炎，甚至是败血症、脓毒症等疾病。

在人类化脓性感染中，金黄色葡萄球菌是最常见的病原体，可引起局部化脓感染。

三、如何应对

要防止金黄色葡萄球菌对食品的污染，首先要防止带菌人群对各种食物的接触。在日常生活中，烹饪时，可能由于菜刀生熟不分或清洗不当被金黄色葡萄球菌污染。当温度适宜，金黄色葡萄球菌极易导致食物中毒。在食用冷冻食品前应当对其充分地加热，以降低污染风险，冷冻水饺在沸水中应煮至少3分钟，以确保安全。

第六节 令人担忧的诺如病毒

近年来，诺如病毒导致的胃肠道疾病数量在我国呈上升趋势，2014年2月嘉兴市海宁、海盐两地部分学校暴发诺如病毒感染，总计有400多名学生感染就医，查明罪魁祸首原来是受诺如病毒污染的桶装水。2015年以来，由于诺如病毒感染造成的人体感染事件也频频发生，2015年4月，无锡市有22名游客因呕吐、腹泻进医院，南京一幼儿园学员集体闹肚子，经验证都是感染诺如病毒造成的。

一、诺如病毒是什么

食物和饮料很容易被诺如病毒污染，而且人体摄入不到100个病毒就能发病，这是很小的量。不干净的手会污染食物表面，附着在呕吐物上的飞沫会直接污染食物。每年11月到翌年4月都是诺如病毒感染的暴发高峰期。

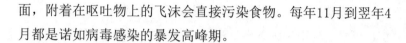
二、诺如病毒对人体的危害

患有诺如病毒性肠胃炎的食品加工者对其他健康人构成的威胁更大，因患病的食品加工者很容易污染其加工的食物和饮料。而这些被诺如病毒感染的食物和饮料，一旦被健康人食用，很可能致病，并引起诺如病毒性肠胃炎的暴发。

诺如病毒感染的潜伏期一般为24～48小时，主要症状包括恶心、呕吐（多见于儿童）、胃痛、腹痛、腹泻，有时还伴有发烧、头痛、肌肉酸痛。但诺如病毒并不可怕，它的症状通常在1～3天内就能恢复，大部分人用一周就能恢复健康。但也有部分患者会出现连续腹泻、脱水症状，严重时会危及生命。孩子、老人和已患其他病的患者最容易脱水，他们需要被特别关注。

三、如何应对

虽然人感染诺如病毒的途径很多，但主要是通过食物传播，也就是通过口腔传播。因此，要预防诺如病毒感染，需要注意以下事宜：

餐前便后洗手。需要提醒的是，在做饭过程中也要经常洗手。

最易受诺如病毒污染的食物是可立即食用的水果、蔬菜和饮用水。所以蔬果一定要清洗干净，尽量不要生食或半生食，并且最好用烧开过的水代替未烧开过的水饮用。

有些人吃海鲜的时候总担心完全熟制会使海鲜变老，但是彻底烹调是预防食源性疾病的基本原则。诺如病毒是不耐热的，可以通过高温杀灭。

尽量避免患者处理食物，也不要让患者待在厨房里。诺如病毒有一定的隐蔽性，即使你痊愈了，它也会在你身体里停留2周。在你生病的时候，它传染性最强，刚康复的前几天也是传染性很强的。

因为诺如病毒感染性腹泻属于自限性疾病，所以没有疫苗和特效药物，对大部分食源性疾病来说，患者好好休息、恢复体力是十分重要的。对于诺如病毒感染，只要患者不让身体脱水，通常就不会有太大问题。如果患者有可能出现了严重脱水，必须立刻去看医生。

四、专家有话说

诺如病毒已经成为危害消费者健康、加重疾病负担的重要病原体。在这方面，世界卫生组织对食源性病毒疾病进行了研究。同时，国际食品卫生法典委员会已开始了风险管理措施，以控制食品中重要病毒的污染。世界各国已逐步建立起不同的诺如病毒疾病报告系统，例如美国疾病预防控制中心的诺如病毒暴发监测网，以及欧盟的欧洲食源性病毒网。从2005年起，我国卫生部门在全国范围内展开病毒性腹泻监测，并对未煮熟的水产品等食品进行例行诺如病毒检测。我国对部分省市病毒性腹泻流行病学规律、流行毒株特征进行了研究，为制定有效的预防控制措施提供了科学依据。2014年和2015年，为了进一步加强监管，原国家食品药品监管总局都将诺如病毒列为全国食品安全抽检计划抽查项目。

第七章
食品流通中的安全

　　食品流通，即食品作为商品从厂家流入市场这一过程。那么，食品流通中的安全如何保障？在生产、储藏、运输、销售等各个环节中，对于易腐败变质的食品，该通过哪些措施来保证食品质量安全呢？在本章中，对食品流通过程中的包装材料、标签、冷链等展开了讨论，以期使大家了解食品流通过程中的安全关键点，做好食品安全工作。

第一节　散装食品的安全隐患

　　我们经常在超市的冷冻柜里看到各种各样散装称重的丸子等火锅食材，抑或是像小山一样的一堆堆的瓜子、花生等炒货，还有诱人的卤鸡爪、鸡翅、鸭脖等熟食。但是人们在食用这些以

散装食品

散装称重为主要售卖方式的食品后，表现为腹泻等食物中毒的事件层出不穷。这不得不引起我们的深思，诸如此类的散装食

品到底有哪些安全隐患呢？国家怎么保证这些散装食品的安全呢？作为消费者，我们在购买时，应该注意哪些问题呢？

一、散装食品是什么

散装食品，又称"裸装"食品，指无预包装的食品、食品原料及加工半成品，但不包括新鲜果蔬、须清洗后加工的原粮、鲜冻畜禽产品和水产品等，即消费者购买后无须清洗即可烹调加工或直接食用的食品，主要包括各类主副熟食、面及面制品、速冻食品、酱腌菜、蜜饯及炒货等。

二、散装形式的安全隐患

散装食品多种多样，并且因为所含的糖分、水分、蛋白质等含量的不同有不同的储存形式，因此自然受污染的种类与方式不尽相同。比如说蜜饯，其含糖量很高，尽管高的含糖量带来的高的渗透压会使某些细菌无法存活，从而达到一定的抑菌效果，但是仍然有些耐高渗的微生物，比如霉菌和芽孢杆菌，如果防护不到位便会在食品中滋生。此外，具有高水分含量和丰富蛋白质的散装销售食品，例如蛋糕、熟肉制品等，极易引起细菌的滋生，一旦感染，细菌的繁殖速度极快。同时，这些散装食品在生产、运输和销售过程中，比起一般食品更易受到细菌的污染，发生腐败变质，从而引起食物中毒。

三、如何应对

在购买食品时，注意查看该食品经营单位是否具有有效的《食品经营许可证》。

选择具有清晰、规范食品标签的食品。并且食品标签应有食品名称、配料表、生产者和地址、生产日期、保质期、保存条件等完整信息。谨慎购买标签模糊的食品。

在购买食品时，要挑选距离生产日期最近的食品，不买过期食品。同时要确保散装食品色泽、形状、质地符合应有的标准。最好不要购买裸露外卖的食品以及生熟混卖的食品，防止二次污染。

在购买凉菜、卤制品和糕点等可以直接食用的散装食品时，注意观察销售人员操作是否遵循安全规范，比如戴口罩、手套等。同时注意食物是否直接暴露于空气中，是否有防尘材料遮盖等安全保障。

在购买冷冻散装食品时，要注意其成色。即如果发现有些冷冻散装食品失去了本来的颜色，反而发白，甚至变成焦黄色，则可能出现过较大幅度的温度变化，导致水分散失从而变得干燥，最好不要购买。

四、专家有话说

散装食品可形散，但安全、卫生的"神"不能散。有四类散装食品最好少买：一是谷物类散装食品，易滋生细菌，且营养素损失较大；二是散装食用油，其大多是无生产日期、无保质期、无质量标准的三无产品，安全性无保证；三是散装坚果，因其油脂含量大，易腐败变质，最好购买独立小包装的坚果；四是散装冷冻食品。有科学、合理的防范措施以及食品安全的意识一路保驾护航，才能让这种简易、便利的销售模式持久、健康地发展。

第二节 食品包装材料的选择和使用

在食品安全越来越受到关注的今天，大家或多或少都能说出一些辨别食品优劣和安全的方法，比如看食品的生产日期和保质期，看食品的配料成分表等，但和食品密切接触的包装材料反而经常被忽视。其实，食品包装材料的质量与种类和食品安全息息相关，更有一些关于包装材料的错误使用方法使原本安全的食品变得不安全，从而危害到人们的身体健康。现在，让我们一起来了解食品包装材料及错误使用方法带来的安全隐患并学会如何正确使用它吧！

一、不同的食品包装材料带来的安全隐患

食品包装材料有很多种，主要包括塑料、金属、纸、玻璃和陶瓷等，其中塑料是最广泛被使用的。

塑料可分为新塑料和再生塑料两种，目前市场上销售的再生塑料袋主要是用于盛装食品以外的东西，其原料通过各个渠道获得，并且有相当多的一部分是用废旧塑料回收再加工的，通常没有经过消毒或消毒不彻底。

此外，被经常使用的还有金属包装材料，但是它有较差的化学稳定性，特别是当其包装酸性内容物时，部分金属包装材料中的镍、铬和铝等有毒金属离子容易析出，为了避免金属离子的危害，一般都要在金属容器的内、外壁施涂涂料，但是这

样也会存在一定的安全隐患，比如内壁涂层中的化学物质在一定条件下会迁移，从而污染食品。

最后就是我们常见的纸制品，它是一种传统的食品包装材料，其安全性问题主要来自造纸过程中加入的添加剂（防渗剂、漂白剂、染色剂等），原料本身不够干净，不法厂家采用霉变纸，甚至使用回收废纸作为原料。

二、错误使用方法带来的安全隐患

生活中微波炉的使用非常常见，但是使用它时需要注意的安全点也很多，被加热食品的包装便是其中之一。微波炉加热盒大多是用聚丙烯（PP）制造的，这种材料可在清洁后重复使用。然而值得我们注意的是一些特殊的微波炉餐盒，它们的盒体以聚丙烯制造，但盒盖却以聚乙烯（PE）制造。聚乙烯和聚丙烯最大的区别就是聚乙烯不耐高温，因此不能与盒体一起放进微波炉加热。此外，碗装泡面和快餐有些使用聚丙烯盒，还有些使用聚苯乙烯盒，虽然聚苯乙烯（PS）既耐热又抗寒，但不能放进微波炉中加热，并且不能用于盛装酸碱性较强的食品。

生活中还有一些较为普遍的错误使用食品包装材料的行为，比如说经常有消费者用聚乙烯材质的保鲜膜把食品包裹一下后放入微波炉中加热，这其实是不安全的。当使用聚乙烯薄膜包裹食物进行加热时，尤其是一些油脂含量较高的食品，油脂的温度会在很短的时间内升高，从而使保鲜膜容易渗透、溶胀、变色，这不但会大大缩短食品的保质期，而且聚乙烯薄膜内的有害物质也会析出而溶入油中，造成安全隐患，危害人体健康。

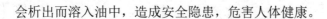

二、如何正确使用

对包装材料的不恰当使用，是我们生活中食品健康的一大隐患，我们在提高警惕的同时，也要学会如何正确地使用包装材料。每种食物用什么材料包装都有其特定的要求，因此消费者不要轻易把使用后的食品包装材料改装其他食品，比如，不要用装水的材料去装油。当食物入微波炉或其他工具加热时，要使用专门的容器盛装，尽量减少使用塑料材质的容器加热食物。

四、专家有话说

作为消费者，我们自然想要一种可以一劳永逸的包装材料，不需要我们去记各种各样的注意事项，就可以更加安全、便捷和方便地使用，但是很多东西都不能兼顾到各个方面，理想中的包装材料在目前的科技水平下还难以实现。因此，安全性问题仍是我们需要关注的主流。在生产企业严格遵守食品包装规定的基础上，如果消费者能够正确使用包装材料，那么食品包装材料的安全性就得到了保障。

第三节 速冻食品冷链的安全问题

随着生活节奏的日益加快，以速冻饺子、速冻汤圆等为代表的速冻食品逐渐走进了千家万户，受到人们的喜爱。但是与普通食品不同的是，速冻食品除了在制造环节需要对产品质量严格控制，运输过程也尤为重要，稍不注意，运输过程也会变成污染的起点。

一、速冻及冷冻食品是什么

速冻食品指在-30℃以下的条件下，通常在约15分钟将食品的中心温度降至-18℃以下，形成冷冻状态，在-18℃冷链条件下进入市场销售的预包装食品。而冷冻则和速冻并不是一个概念，它被称为慢速冻结，指将食品在高

食品冷链物流

于-30℃条件下（一般在-23～-18℃）冻结。放入冰箱冷冻室中的自家做的水饺和馄饨就属于自制冷冻食品。

二、冷链中存在的问题

冷链中存在的问题主要有两个方面，一个是运输过程中达不到所需的温度，另一个是制冷设施的不稳定性。尤其是在夏天，有些超市或者物流公司为了节约运输成本，速冻食品冷藏车或冷冻柜的温度往往会调高，达不到严格的冷冻温度。有些冷冻车制冷装置运行不稳定，从而导致发生断电故障，在这种情况下，相当于冷冻食品进入了解冻状态。一般来讲，由于储存温度够低，速冻食品中不会添加防腐剂，当食品进入解冻状态时，食品中原本冬眠的细菌会加快繁殖，重新冷冻又会造成

该食物细胞被进一步破坏，因此等到下次再解冻时，更多的细菌以及被反复破坏的细胞会使食品在短时间内变质，从而缩短了食品的保质期。

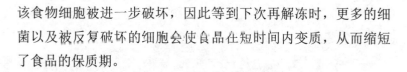

三、如何选购

为了保障速冻食品的安全，消费者在选购时应注意以下几点：首先，购买时要到有低温冷柜的大中型超市。由于不同的冷链食品对温度的要求不同，因此在选购时，首先应检查食品所在的冷冻柜的温度与食品所要求的温度是否一致，尤其是速冻食品。在挑选时，最好选择冰柜底部的食品，因为底部的温度比上层的更稳定，储存条件更好，保鲜质量相对有保证。其次，要尽可能使速冻食品温度的波动幅度小，比如在超市购物时，尽量最后挑选速冻食品并放入保温袋中。回家后，应尽快把速冻食品放入冰箱的冷冻室。最后，尽量选择距离生产日期最近的产品。

四、专家有话说

在整个冷链销售的生命链中，除了在最初的生产过程中要严把质量关，运输、销售环节的冷链安全也至关重要。要保证整个食品安全冷链不能断裂，就要按照规范尽可能做到无缝衔接。比如，运输过程中保证冷冻车的冷冻温度稳定、消费者采购过程中注意随手关闭冷冻柜柜门以及采购食品回家后要及时放入冰箱冷冻储存。在冷冻的每个环节都能按照规定操作，我们的食品安全就可以得到保障。

第四节 预包装食品标签，你知多少

近年来，我们经常会看到媒体报道一些由食品标签引发的安全问题，比如有些预包装食品的标签信息不明确或造假，从而使得消费者购买了错误或不健康的食品，更有甚者威胁了消费者的生命安全。那么，什么是预包装食品？其标签应当标注哪些内容？现在市场上预包装食品标签存在哪些问题？选购食品时如何辨别标签的真伪呢？

一、预包装食品是什么

预包装食品是预先定量包装或在包装材料、容器中制作的食品，在定量范围内具有统一的质量或体积标识的食品。例如瓶装汽水、金属罐罐头等都属于预包装食品。

二、营养标签

一提到食品营养标签，我们最先想到的就是食品外包装上的各种营养成分表，但也不仅是碳水化合物占百分之几，能量又占百分之几。一般来说，食品营养标签分为三大部分，包括营养成分（营养信息）、营养声称和健康声明（营养成分功能声称）。其中，只标明营养成分的标签为一般性营养标签。

营养成分包括能量、蛋白质、脂肪（饱和脂肪酸、不饱和脂肪酸）、碳水化合物、钠。

 三、如何选购

其中涉及食品安全的最为关键的一点便是，一定要看清楚包装上的保质期。超过了保质期并不是一定不能吃，但是肯定会增加危害健康的风险，因此提倡按照保质期来选购相对新鲜的食品并在期限内食用。

保质期应当出现在预包装食品标签上，而对于日常生活中常见的现做现卖的食品就当然没有带有保质期的标签了，如鲜肉月饼等。除此之外，我们也会碰到其他没有保质期的食品，比如某些食用醋等。这是由于国家对于乙醇含量10％以上（含10％）的饮料酒、食醋、食用盐、固态食糖类，有可以免除标注保质期的规定，而其他预包装食品都必须标识食品保质期。

四、专家有话说

在选购食品时，消费者常常被形形色色的虚假标签弄得很头疼。一般来说，标签作假的食品包装有几种情况：一是谜语型标签，如厂名只写"上海某地"，只有一个大概地址而没有具体地址；二是戏法型标签，如将大包装的食品分解成小包装售卖，更重要的是小包装上连产地、生产日期等重要信息都不标注；三是弹性型标签，标签上将保质期标为1~3个月，使消费者难以掌握确切信息；四是随意型标签，指有些食品包装上的标注很随意，比如有些袋装食品既没有标注生产日期，也没有标注保质期，甚至我们经常见包装上写着生产日期见某处，却根本找不到。对于标有以上这些标签的食品，我们要谨慎购买。

第八章

烹饪与食品安全

食品安全大于天，微波炉、不粘锅的出现大大方便了我们的生活，但随之而来的也有一系列问题：这些新"工具"安全吗？微波炉是现代家庭必不可少的家电产品，但一度有传言说微波炉致癌，对人体有辐射。锅也是人们日常生活中必不可少的工具，为了解决粘锅问题，不粘锅随之而出。那么，微波炉对人体健康是否真的有影响？近年来兴起的不粘锅是否安全呢？

针对烹饪安全问题，本章讲解了食品烹饪用具的使用及安全性，同时，也提及了食品生产过程中可能产生的有害物质等。

第一节　烹饪过程中的食品安全

在享受美食的同时，人们一直探讨的问题便是在烹饪过程中如何保证食物的安全性。那么，烹饪过程中容易被忽视的食品安全问题有哪些？产生这些问题的原因是什么？我们在烹饪过程中要注意哪些细节？

一、烹饪中影响食品安全的重要因素

控制适当的加热温度和时间是烹饪过程中很重要的一点。我们都知道，温度对生物生长有重要的影响，一般当温度高于50℃时，腐败微生物会停止生长；而当温度达到60℃时，微生物就会逐渐死亡；而只要在100℃条件下超过1分钟，微生物细胞就会被杀死。采用适当的火候烹制食品，不仅能杀菌消毒，还能确保食物色、香、味和营养俱全。如蔬菜烧制过程中维生素极易被破坏，因此烹饪温度不宜太高。大部分蔬菜的最佳烹饪温度在70～80℃，如韭菜炒蛋最佳温度在70℃，炒土豆最佳温度在80℃，炒四季豆的最佳温度在88℃等。

二、高温烹饪可能带来的危害

当烹饪温度达到200℃及以上，并且持续加热时，食品中的一些原本对人体有益的物质反而会变得有害，比如氨基酸、蛋白质等完全分解和焦化时，其中蛋白中色氨酸产生的氨甲基衍生物就具有强烈的致癌作用。此外，有时候我们做食物会出现烧焦等现象，烧煮、熏烤太过的蛋白质类食物会造成人体缺钙。

同样不适宜高温烹调的还有淀粉类食物，其在温度高于120℃的情况下烹饪容易产生丙烯酰胺，这是一种致癌物质。因此要提醒大家，尽量避免过度烹饪食品，如温度过高或者时间过长，但是同时也要注意食物是否做熟，确保杀灭食物中的微生物，避免导致食源性疾病。

三、烹饪中应注意的事项

不同的食材都有其适宜的烹饪方法，如果加工不当，则会对我们的身体健康产生危害。比如在制作四季豆时，一定要加热彻底，长时间煮沸才能够破坏皂素、豆素等对人体不利的成分；再比如发芽的土豆中含有对人体有害的龙葵碱，在处理时，除了去掉皮、芽外围组织，还应注意把土豆煮熟、煮透并辅以适量的醋；同样，在烹饪白果、木薯、苦杏仁等时，如果加热不彻底，它们所含的有害物质银杏酸或氢氰酸等都会危害到人们的健康。此外，我们还应该做到三不使用：不使用假冒伪劣调味品，不使用防腐、发色亚硝酸盐类，不使用日落黄、苋菜红等食用色素。

四、专家有话说

很多人只注意到食材是否健康，却往往忽略了烹饪加工的重要性。哪怕食材再安全，如果烹调方法不当，也极有可能混进或产生一些有害的物质，对食材造成污染。并且在烹饪加工过程中仍然会产生危害，比如温度过低、时间过长、烧煮过度等都会对烹调食品带来安全性问题。因此，科学烹调十分重要，也是饮食营养科学合理化的必然要求。

第二节 微波炉小贴士

微波炉在逐渐走进千家万户的同时，也受到了最多的质疑。似乎一谈到"微波""辐射"这样的词，人们总会把它们和癌症联系在一起。那么，微波炉辐射会影响健康吗？在这个"闻癌色变"的年代，总有一些人认为用微波炉加热会产生致癌物。因此，本章就从微波炉的加热原理入手，从科学的角度来解释微波炉为什么能加热食物，以及微波炉有哪些特点，并解析关于微波炉危害的一些谣言。

一、微波加热的安全性

微波是辐射的一种，它的频率比电波高，比红外线和可见光低。日常中的可见光以及电波都不会致癌，因此频率介于它们之间的微波自然也不会致癌，更不会在食物中产生致癌物质。

二、微波安全事故

生活中因为使用微波炉而发生意外的案例层出不穷。但是，这些"事故"其实和微波炉本身没有太大关系，而是由于使用不规范造成的。因此，只要了解了微波炉的使用规范并正确使用微波炉，就会避免事故的发生。以下是最常见的两类事故：

1.液体过热

当加热牛奶、豆浆、汤等，其中有成分长时间加热时，容易"暴沸"而冲出容器，从而导致事故的发生。但不意味着不能用微波炉来加热这些液体，而是要算好加热时间。

2. 鸡蛋等带壳类食物爆炸

以鸡蛋为例，鸡蛋内部过热，压力大，受到外界干扰，易发生爆炸。

三、注意事项

使用微波炉有许多注意事项。

微波炉适用

第一，要清楚什么容器可以放在微波炉里加热，什么不行。要选对微波炉里使用的器皿。微波炉中可用的器皿有三种，为陶瓷、玻璃、塑料器皿，其中塑料器皿要注意使用标有"微波炉适用"字样的。

第二，微波炉适合加热水分含量高的食物，而对水分含量较低并且脂肪含量高的食物，像坚果、奶酪、五花肉等，其温度会上升过快导致焦煳，用微波炉加热时要用小火。

第三，如果不能确定食物所需加热时间时，应先设定较短时间，随后视加热情况而延长加热时间。如果一开始就加热时间过长则会导致食物变硬，失去原有的色、香、味，甚至产生有害物。

第四，加热时最好盖上容器的盖子，防止水分过度蒸发。在一般情况下，两分钟是微波炉加热盒饭的最佳时间。

四、专家有话说

微波炉的微波辐射不是洪水野兽，我们不必过分紧张，只要正确地认识、合理地选择微波炉加热方式，再加上按照说明书正确操作，电磁波是不会对健康产生影响的。

需要提醒大家注意的是，使用微波炉一段时间后，应当经常检查炉门有无机械性损伤，若出现问题应及时送到专业部门维修，防止微波泄漏。

第三节　不粘锅的秘密

随着技术的进步，煎炒轻松、清洗方便的不粘锅逐渐取代了铁锅，走进千家万户，成了广大群众的首选。但是，也有不少人怀疑不粘锅有毒，具有致癌性，那么，我们平日里使用的不粘锅究竟是否具有致癌性？我们在日常生活中应该如何使用不粘锅？在各式各样的炊具中，我们应该如何选择呢？

一、不粘锅不"粘"的原因

目前市面上的不粘锅有两种，有涂层锅和无涂层锅。有涂层锅使用的材料多为特氟龙（也有少数陶瓷涂层或其他材料），特氟龙为聚四氟乙烯，这种材料的摩擦系数较小，具有不粘性、方便清洁、耐高温、耐腐蚀等优势。而无涂层锅的表面硬度和致密程度高，因其特殊的表面结构而达到不粘的效果。但无涂层锅价格较为昂贵，市场占有率比较小。

二、"特氟龙"不粘锅是否安全

有研究表明，特氟龙，即聚四氟乙烯是一种较为优质的惰性材料，在常温及常态下具有非常稳定的理化性质。聚四氟乙烯的熔点为327℃左右，短时间可耐300℃的高温，使用特氟龙涂层的不粘锅可以在260℃下长时间烹饪使用。另外，在我们日常的烹饪当中，即便是爆炒或油炸，油温也才达到200～240℃。因此在正确使用的情况下，符合国家标准的特氟龙不粘锅是安全的，不必担心涂层分解释放有害物质。

然而，最新报道指出：有科学家称不粘锅材料存在潜在危害，PFOA等化学物质容易在人体内积聚，其带来的具体潜在危害尚不可知。由此综合来看，对于不粘锅材料的危害始终没有定论。

三、如何安全使用不粘锅

在使用和保养不粘锅时应注意以下几个方面：

首次使用不粘锅时，用清水冲洗干净并晾干或擦拭干，涂上一层薄薄的食用油以保养不粘锅，后续洗净后即可使用。

在日常烹饪过程中，不要使用尖锐的铁铲子炒菜，清洗时也不能使用钢丝球，而应当使用木制或塑料的锅铲，以避免涂层损坏而释放有害物质。

在日常烹饪过程中，尽量使用小火至中火来烹调食物；使用大火时，应当确保不粘锅内盛有食物或水；切记不能空锅干烧。

使用不粘锅后不能立刻用冷水冲洗，应当等待温度稍降，再用清水洗净。

如果不粘锅的表面涂层有破损，应及时更换不粘锅。

四、专家有话说

不粘锅到底有什么危害，可能没有人能够给出确切答案。但是有一点可知，对于生产者来说，尽量研制出更为安全的材料是最为关键的。而对于我们普通消费者来说，虽然不必刻意避免使用不粘锅，但同时也不能过分依赖不粘锅，应当适时更换锅的种类，正确了解、认识不粘锅及其他类锅的特性。在日常烹饪中，选用恰当的锅以及正确的使用、保存方法，同时不仅使用一种锅，定期换锅使用，这样可能更有助于避免潜在的危害。

第四节 丙烯酰胺：我们身边的潜在危害

很多人喜爱油炸食品，因为其味道鲜美松脆，但高温油炸食物中常含有可能致癌的丙烯酰胺也是尽人皆知的事实。近日，空气炸锅逐渐成为消费者的心头好，而香港消费者委员会发现部分空气炸锅炸制

高温油炸食品

薯条时存在丙烯酰胺超标的情况，再一次引起了食品致癌的争议。丙烯酰胺到底是什么？它是通过什么途径产生的？对我们的健康有什么损害？

一、丙烯酰胺到底是什么

丙烯酰胺是一种白色的不饱和酰胺，是生产聚丙烯酰胺的原料。聚丙烯酰胺可溶于水，被用于处理水时的絮凝剂，同时也具有改良土壤的作用。丙烯酰胺作为一种2A级致癌物，人体吸入其蒸气或通过消化道、皮肤黏膜等途径吸收它，会引起中毒反应，饮水是其重要接触途径之一。

二、丙烯酰胺对人体的危害

丙烯酰胺具有潜在的神经毒性、遗传毒性和致癌性。约90%进入人体的丙烯酰胺被代谢，仅少量以原型经尿液排出。在细胞色素的作用下，丙烯酰胺转化成致癌活性代谢物环氧丙酰胺。另外，丙烯酰胺具有中等毒性，对眼睛和皮肤有一定的刺激作用，可经皮肤、呼吸道和消化道吸收，在体内有蓄积作用，主要影响神经系统，急性中毒较为罕见。中毒者常出现头晕、疲劳、嗜睡、手指刺痛、手掌发红多汗等症状，后期容易发展为四肢无力、肌肉酸痛等不良反应。

三、烹饪食品的建议

为了防止和减少丙烯酰胺的摄入，在日常的烧烤、油炸等烹饪过程中应当尽量避免过度烹饪食物。同时，我们应当养成良好、均衡的饮食习惯，尽量减少食用烧烤类、油炸类食物，多吃水果和蔬菜。

减少食品中丙烯酰胺的方法：不应过度烘焙食品；炒菜前先灼菜，避免炒菜时间过长或温度过高；油炸时油温不宜过高，且切勿过度烹煮；制作面包时，避免在配料内加入还原糖及使面包的外皮呈过深的褐色。

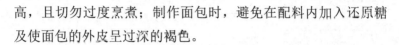

四、专家有话说

远离丙烯酰胺可参考以下几种方法。

应到信誉良好的店铺购买食品。

避免烹煮食品时间过长或温度过高，可考虑在炒菜前先灼菜，或以水煮、蒸的方式烹煮蔬菜。

应保持均衡及多元化的饮食，少吃过度烘焙或油炸的食品，多吃水果和蔬菜，不要吸烟。

对于蔬菜，应当采用急火快炒的方法，不要烤着吃，不要等油冒烟了再炝锅，加工时尽量把蔬菜切大一些，多用蒸煮方法，不要高温长时间烹制，不要炒糊炒焦。

无论是油炸类淀粉食品还是蔬菜，保证食品安全最为关键的还是正确的烹调方式。因为即使没有丙烯酰胺，如果烹调方式不对，高温还是会令一些蔬菜产生某些毒害物质。所以，在日常饮食中还是应多采取蒸、煮等烹调方式。

第九章

健康饮食

人们日常生活中所需饮食主要可分为以下几个方面。

一是碳水化合物。人体通过摄入有效的碳水化合物来维持生命活动所需的能量，碳水化合物的最佳来源是全麦制品，比如糙米、燕麦片、粗面面包等。

二是植物油。健康的不饱和脂肪来自橄榄、大豆、玉米、葵花籽、花生等，这些健康的脂类具有为人体提供自身不能合成的必需氨基酸、促进肝脏分泌胆汁、清肝利胆、防治心血管疾病等生理功效。

三是蔬菜和水果。蔬果中含有纤维素、维生素等，我们应当多吃蔬菜和水果。常吃蔬果可以有效预防和治疗便秘、预防心脏病、改善皮肤状态、预防癌症。

四是鱼、禽、蛋。这三大类食品是蛋白质的主要来源。多吃这些优质蛋白质可以增强生理代谢功能，促进骨骼发育、提高免疫力。

同时，我们也需要了解一些日常食品的相关知识，以便吃得更健康。本章介绍了几种常见食品的相关知识，方便大家更好地选择与食用食品。

第一节 反式脂肪酸知多少

食用油的安全问题时不时地会成为舆论的热点。据报道，"植物奶油"和"氢化油"富含危害健康的反式脂肪酸，"被专家列入人类食物历史上最大的灾难之一"。另外，媒体称目前不少欧美国家已经开始对氢化油进行封杀、叫停，但在国内仍然可以在饼干、蛋糕、薯条、冰激淋等食物中发现不少商家使用氢化油的情形。

一、反式脂肪酸是什么

脂肪由脂肪酸和甘油结合而成。反式脂肪酸是所有含有反式双键的不饱和脂肪酸的总称，分为天然反式脂肪酸和人造反式脂肪酸。在对植物油进行氢化的过程当中，会产生一种不饱和脂肪酸，即反式脂肪酸，而改性后的植物油则被称为氢化油。虽然这个加工过程可以防止油脂变质、改良其风味，但人们食用反式脂肪酸有百害而无一利。

二、反式脂肪酸对人体有哪些危害

反式脂肪酸与一般摄入的脂肪不同，它并不是人体所必需的营养物质，很难被消化，容易引发各类生理功能障碍，主要有以下表现。

形成血栓：反式脂肪酸会增加人体血液的黏稠度，提高凝聚力，容易导致血栓。它导致的心血管疾病的风险，比动物脂肪中的饱和脂肪酸还要高。对于血管壁脆弱的老年人来说，危害尤为严重。

影响发育：处于怀孕期或哺乳期的妇女，如果过多摄入含有反式脂肪酸的食物会影响胎儿和婴儿的健康。

影响生育：反式脂肪酸会使男性性功能低下，减少其荷尔蒙的分泌，对精子的活跃性产生负面影响，中断精子在身体内的反应过程。

容易发胖：反式脂肪酸被人体吸收后不容易被消化，容易在腹部积累，导致肥胖。喜欢吃薯条等零食的人应提高警惕，油炸食品中的反式脂肪酸会造成明显的脂肪堆积。

引发冠心病：反式脂肪酸会使能够有效防止心脏病及其他心血管疾病的有益胆固醇的含量下降。

三、含有反式脂肪酸的食品

在日常生活中，以下食物中含有较高的反式脂肪酸。

油炸食品：薯条、薯片、炸鸡等西式快餐，油条等。

油脂类：人造奶油、奶精、沙拉酱等。

糕点类：面包、蛋糕、烧饼、蛋黄酥、蛋黄派等。

加工类：饼干、方便面、爆米花、冰激淋、巧克力等。

经高温加热处理的植物油：植物油在精炼脱臭工艺中通常需要高温及长时间加热，会产生一定反式脂肪酸。

四、专家有话说

"植物奶精""植脂末""起酥油""植物奶油"等人造制品均为氢化油，它们虽然可以制作巧克力、威化饼干、奶油面包、炸薯条等美味的食物，但这些含氢化油的加工食品，其中的反式脂肪酸含量较高，不宜过多食用。另外，并不是所有的反式脂肪酸对人体的健康都有害，比如共轭亚油酸就是一种有益的反式脂肪酸，它具有一定的抗肿瘤、抗癌、减脂的作用。因此，我们应用严谨的科学态度和合理的发展眼光对待反式脂肪酸。

第二节 代可可脂巧克力

巧克力是深受人们喜爱的一种零食，其具有口感细腻、味道甜美的优点。但一些第三方检测结果显示，部分品牌巧克力的原料代可可脂含有反式脂肪酸，可能危害健康。代可可脂，是一类能快速融化的人造硬脂，其物理性能与天然可可脂相近。使用代可可脂制作巧克力时无须调温，产品表面光泽良好，保持性长。入口无油腻感，且不会因温度差异产生表面霜化。

巧克力

一、代可可脂的分类

代可可脂一般可以分为以下两种类型。

1.月桂酸型硬脂

特征：月桂酸型硬脂是由短链脂肪酸的甘油酯组成的，饱和度较高。

优点：月桂酸型硬脂在20℃以下时具有很好的硬度、脆性和收缩性，且有良好的涂布性和口感。在加工过程中不需要调温，能简化巧克力的加工工艺；在冷却装置中停留的时间较短，节约了生产时间。

缺点：由于脂肪分解而引起代可可脂巧克力产生刺激性皂味；由代可可脂生产的巧克力在高温条件下容易变形、融化；掺入较高含量的天然可可脂，会使巧克力硬度降低，容易起霜发花，有蜡状感、味道淡。

2.非月桂酸型硬脂

特征：这类代可可脂是由非月桂酸系油脂加工而成的，例如大豆油、米糠油、棉籽油等，其化学组成和物理性质与天然可可脂有较大差别，因此在使用上受到一定限制。

优点：制作巧克力无须调温，成本能降低一半；产品无皂味；与天然可可脂相溶性优于月桂酸型硬脂，耐热性好。

缺点：由于其熔点范围较大，巧克力在口内融化较慢、有蜡状感。

二、代可可脂与天然可可脂的区别

可可脂是可可果中的纯天然脂肪，它不容易升高血胆固醇，可以使巧克力产品具有光滑感和入口即化的特点。虽然代可可脂与可可脂仅有一字之差，但代可可脂的结构与天然可可脂大为不同，它是一种非常复杂的脂肪酸。它的口感较差，没有香味，一般情况下其熔点高于天然可可脂。

代可可脂可能会引起消化不良、促使肾功能衰竭、痛风发作、胆固醇升高、儿童肥胖等不良症状，因此，代可可脂巧克力是健康的"慢性杀手"。

三、购买建议

面对各种各样的巧克力产品，想要辨别可可脂巧克力和代可可脂巧克力，可以采用以下方法。

由于天然可可脂制成的巧克力容易融化，可以将巧克力焐在手里，若很快变软，则天然可可脂含量较高，产品质量好。

质量好的巧克力，其外观通常较为光亮，光滑度较好；质量差的巧克力则较为黯淡，外观也较为粗糙。

掰开巧克力后，质量好的巧克力细腻均匀，反之则有一些气孔。

四、专家有话说

部分商家在生产过程中用代可可脂替换可可脂，而代可可脂成本低廉存在致病危害，建议消费者购买巧克力以及巧克力制品时细看成分表，了解代可可脂含量。

第三节 鸡肉，你吃对了吗

鸡肉蛋白质含量高、脂肪含量低，且鸡肉脂肪中约80%的脂肪酸为油酸、亚油酸和软脂酸，不饱和脂肪酸总量可占70%，鸡肉中还含有丰富的微量元素。鸡肉不仅是餐桌上的美味佳肴，而且其药用价值也很高。因此，鸡肉成为人们日常生活中必不可少的一道美食佳肴，又因鸡与"吉"谐音，向来有吉祥喜庆之意。

一、鸡肉的营养价值

鸡肉和猪肉、牛肉比较，其蛋白质含量较高，脂肪含量较低。此外，鸡肉蛋白质中富含人体必需的氨基酸，其含量与蛋、乳中的氨基酸谱式极为相似，因此为优质蛋白质的来源。鸡肉也是磷、铁、铜和锌的良好来源，并且富含维生素B_{12}、维生素B_6、维生素A、维生素D和维生素K等。现在市场上有多种鸡肉，如公鸡、母鸡、肉鸡等。

二、鸡肉中哪个部位最安全

首先，鸡皮中的脂肪含量不低，胆固醇和污染物含量也较高。尤其是烤鸡，经过烤制后，若温度控制不当容易形成致癌物质。其次，淋巴等一些排毒腺体都集中在颈部的皮下脂肪。最后，鸡尖，又称"鸡屁股""鸡臀尖"。这个部位是淋巴腺集中的地方，时间一长，鸡尖就成了储存病毒、细菌的"大仓库"。此外，鸡的某些内脏器官会有有毒物质的残留，尽管鸡胗、鸡肝和鸡肾营养价值较高且美味，但为了自己的健康考虑，应减少食用次数和食用量。而心脏与有害物质代谢无关，所以鸡心安全性较高。

三、购买建议

冰鲜鸡与屠宰后的新鲜鸡差别不大，部分商家便以冰鲜鸡充当新鲜鸡，企图鱼目混珠。辨认新鲜鸡有三大招。

　　肌肉坚实：急冻鸡在0℃下低温解冻，必会流失水分，使肌肉松弛。若冰鲜鸡保存太久，也会出现同样情况。所以，选购新鲜鸡时，可看看肌肉是否结实，不妨以手指按下，新鲜的自然有弹性，不新鲜的，则久久未能回复原状。

　　表皮光滑：如果鸡的肌肉松弛，连带鸡皮都出现皱纹，表明此鸡不新鲜，故购买的新鲜鸡一定要皮光肉滑。若是皱皮鸡，尤其是鸡腿近脚部位出现大块皱皮，表明新鲜程度欠佳。

　　肉色红润：被屠宰已久的鸡，肉色暗，甚至会发黑。新鲜鸡红润有光泽。不过，有些鸡种如三黄鸡，表皮金黄，是鸡种原色，并非表示不新鲜。

▪ 四、专家有话说

　　人们在选择鸡肉时往往比较注重鸡的品种及新鲜程度，对于鸡的雌雄却不太关心。公鸡肉质细嫩不适合做汤，而更易于旺火速炒以保持其鲜嫩。老母鸡（一般生长2年以上的母鸡更好）的鸡肉中能产生鲜味的含氮物质则多出许多，很容易溶于汤中使汤更加鲜美，另外母鸡的脂肪熔点较低、易消化，其营养价值比较高，所以多用其熬汤，效果较好。

第四节　土鸡蛋更营养、更安全吗

　　人们通常相信，在自然环境下散养的土鸡下的土鸡蛋要比日常见到的鸡蛋有营养得多。因此，鸡蛋一旦被打上土鸡蛋的标签，其价格也水涨船高，一般是普通鸡蛋的3～4倍。但土鸡蛋与养鸡场生产的洋鸡蛋真的有那么大的区别吗？土鸡蛋比洋鸡蛋更营养、更安全吗？

一、土鸡蛋与洋鸡蛋的定义

土鸡蛋，也叫作柴鸡蛋、笨鸡蛋等，指自然环境中散养的鸡所生产的鸡蛋，它的个头比一般鸡蛋小、蛋黄的颜色也更深。而洋鸡蛋指养鸡场或养鸡专业户，用人工饲料喂养出来的鸡产生的蛋。

而根据《中国食物成分表》的检测数据显示，土鸡蛋与洋鸡蛋在整体营养上没有显著的差异。但因为土鸡蛋的脂肪含量较高、蛋黄大，有不少人觉得土鸡蛋吃起来更香。

二、土鸡蛋与洋鸡蛋的鉴别

在日常生活中，我们区分土鸡蛋与洋鸡蛋的方法主要包括：

从外观上看，土鸡蛋的个头较小、颜色较浅、较为新鲜，有一层薄薄的白色的膜；它的蛋壳坚韧厚实，含钙量高；而洋鸡蛋壳脆薄、蛋壳颜色较深。

打开蛋壳，土鸡蛋的蛋黄呈金黄色，蛋液比较稠厚；而洋鸡蛋的蛋黄呈浅黄色。

从口感上看，真正的土鸡蛋比洋鸡蛋口感更香鲜、质嫩无腥味。

土鸡蛋虽然个头小，但是蛋黄比洋鸡蛋更大；洋鸡蛋的蛋清更多。

从颜色上看，土鸡蛋的蛋清清澈黏稠，略带青黄。

三、慎重选购功能蛋

对于一些功能蛋，也就是市场上出售的高碘、高锌蛋等，基本上就是将碘、锌等微量元素添加进鸡饲料，鸡吃了这些饲料后，生出的蛋中相应的微量元素的含量会比普通鸡蛋有所提高。并非所有人都适合食用"功能鸡蛋"，因为并不是每个人都缺乏"功能鸡蛋"中所含的营养素，不缺就没有补的必要，如果长期食用，一方面是增加了经济支出，另一方面则是营养素过量，并不利于健康。比如，人摄入过量的碘容易导致产生一系列神经系统症状，而摄入过量的锌则会引起钙、铁的流失，所以选用时一定要慎重。

四、专家有话说

目前，除了市场上的土鸡蛋与洋鸡蛋，有机鸡蛋也逐渐成为消费者追捧的食品，但关于有机鸡蛋目前国内没有统一的标准，相对比较混乱，概念炒作现象严重。真正的有机鸡蛋是指给鸡喂养有机食物而非饲料，并且使其在天然环境中被自然放养，这种鸡所下的鸡蛋更为营养健康。目前国内的有机鸡蛋大多为炒作，应谨慎购买。

第五节 全麦面包

随着健康饮食理念的进步，人们逐渐意识到精加工食品的诸多缺点，如必需营养素的流失、盐糖含量较高、热量也较高，而且为了增加美观和口感，精加工食品中往往添加了很多添加剂。因此粗加工的全麦面包越来越受到广大消费者欢迎。什么是全麦面包呢？它对人体健康又有哪些保健功效？怎样辨别和吃好全麦面包？带着这些问题，让我们在下面的文章中寻找答案。

一、全麦面包是什么

全麦面包指用没有去掉麸皮和麦胚的全麦面粉制作的面包，有别于用精面粉（去掉麦粒麸皮及富含营养的皮下有色部分后磨制的面粉）制作的一般面包。只有含胚芽、胚乳和麸皮三部分的面粉才是真正的全麦粉，其色深、质粗，肉眼可见麸皮，使用时要与一定比例的精白面粉混合，保质期较短。

全麦面包的特点是颜色微褐，肉眼能看到很多麦麸的小粒，质地比较粗糙，但有香气。全麦面包经过的加工程序较少，因此保留了大部分的营养元素，它含有丰富的粗纤维，能帮助人体打扫肠道垃圾，还能延缓消化吸收速度，有利于预防肥胖。

二、全麦面包的保健功能

全麦面富含B族维生素，对疲倦、食欲不振、脚气病及各种皮肤病均有一定的预防和食疗效果。全麦面包中的高吸水性纤维，能使食物膨胀，增加粪便的体积，促进胃肠的蠕动，使大便正常排泄，对便秘有一定的预防和食疗作用。全麦面包能控制血糖的升高，可以预防糖尿病的发生。

 三、购买建议

目前，市面上有很多真假掺杂的"全麦面包"，要挑选真正的全麦面包，可以从以下几方面入手。

观察面包的颜色，全麦面包的颜色呈浅褐色，而假的全麦面包褐色较深。

观察面包的外形，肉眼能看到全麦面包的麦麸小颗粒，质地粗糙且干燥，而假的全麦面包则较为光滑，几乎看不到小颗粒。

检测面包的弹性，全麦面包的质地干硬、缺乏弹性、恢复力较差，而假的全麦面包则松软、具有弹性。

看配料表，若全麦粉在配料表的第一位，这说明其含量较高，若小麦粉排在全麦粉的前面，这款面包则不是全麦面包。

品尝面包，全麦面包具有天然的麦香，口感粗糙，可以品尝到细碎的颗粒，而假的全麦面包香气较淡，也没有全麦面包特有的口感。

四、专家有话说

全麦面包走俏市场，年均销量不断提高。经科学认证，全麦面包确实是一种适合减肥的食物，它的饱腹感较强，热量却很低；营养物质丰富，升糖指数却很低。但它也不是全能食品，富含膳食纤维、维生素的全麦面包并不能为人体提供必需的所有营养物质。

另外，不少商家为了兼顾消费者的味蕾，在全麦面包中加

入面粉、黄油等配料，或以小麦粉作为主料，来降低生产成本，因此市面上很多面包只不过是打着全麦面包的噱头，并不能有效减肥，甚至多吃还会导致肥胖。在日常的饮食中，我们还是要注意饮食多样化，以获得全面营养。如果平时能够做到合理营养、平衡膳食，那么不一定要常吃全麦食品。

第六节 鱼翅，真的营养又美味吗

鱼翅，一直以来被人们视为上等的佳品，也是高档宴席的招待菜式之一。鱼翅没什么味道，为什么能成为上等珍品？它真的对我们的身体有百利而无一害吗？每个人都适合吃鱼翅吗？

一、鱼翅为何成为"珍品"

鱼翅之所以能食用，是因为鲨鱼的鳍含有一种形如粉丝状的翅筋，其中含80％左右的蛋白质，还含有脂肪、糖类及其他矿物质。鱼翅作为菜，不在于凸显其不明显的本味，而在于柔嫩腴滑且软糯的口感，这种口感滋润、舒适而爽口，是人们所欣赏与追求的，将之列为珍品。

二、鱼翅加工可能带来的危害

在鱼翅的加工过程中，一些不良商家会使用工业双氧水和氨水对色泽较差的鱼翅进行消毒与漂白，为了方便，未进行清水冲洗就进行晾干打包，从而危害了消费者的身体健康，会导致中毒、食道炎等症状与疾病。

■ 三、专家有话说

真正的鱼翅来源于鲨鱼。鲨鱼的鳍被捕鱼者切割下来后，没有鱼鳍的鲨鱼被扔回大海。不少喝着鱼翅汤的人们一定想不到自己碗里的上等补品，来得有多么惊心动魄。为了生态环境的发展，国际上已经明令禁止捕杀鲨鱼，我们也应该不买不吃鱼翅。